Sitzungsberichte
der Akademie der Wissenschaften
der DDR
Mathematik – Naturwissenschaften – Technik

17N
1978

Phasengrenzflächen

AKADEMIE-VERLAG · BERLIN

Sitzungsberichte
der Akademie der Wissenschaften
der DDR
Mathematik — Naturwissenschaften — Technik

Jahrgang 1978 · Nr. 17/N

Phasengrenzflächen

AKADEMIE-VERLAG · BERLIN
1978

Die Vorträge wurden gehalten auf der Sitzung
der Klasse Werkstofforschung am
3. Februar 1977

Herausgegeben im Auftrage
des Präsidenten der Akademie
der Wissenschaften der DDR
von Vizepräsident Prof. Dr. Heinrich Scheel

Erschienen im Akademie-Verlag, 108 Berlin, Leipziger Straße 3—4

Lizenznummer: 202 · 100/234/78
Gesamtherstellung: VEB Druckhaus Köthen
Bestellnummer: 762 696 7 (2010/78/17/N) · LSV 1185
Printed in GDR
DDR 8,50 M

Inhalt

Heinz Bethge

Einleitung

Im Jahre 1970 unterbreitete ich der Klasse eine kleine Niederschrift, mit der ich darauf aufmerksam machen wollte, daß mit großer Wahrscheinlichkeit dem sich gerade abzeichnenden Gebiet der Interface-Strukturen in Phasengrenzflächen zukünftig eine große Bedeutung zukommen würde. Ich habe dann auch auf der Physikertagung 1971 in Dresden einen Vortrag über Grenzflächen in Kristallen gehalten. Die Diskussion hier in der Klasse und der Vortrag in Dresden hatten das Anliegen, eine sich abzeichnende neue Forschungsrichtung hervorzuheben und für das Interesse an dieser Richtung zu werben.

Im Zusammenhang mit Fragen der Epitaxie im Falle des Aufwachsens von dünnen Schichten auf einkristallinen Unterlagen war zuvor in den fünfziger Jahren von Frank und von van der Merwe diskutiert worden, daß zur Kompensation des sog. „misfit" zwischen den beiden Kristallgittern möglicherweise Interface-Versetzungen herangezogen werden können, aber es fehlte hierzu noch die experimentelle Bestätigung. Im Jahre 1970 erschien dann das Buch von Bollmann mit dem Titel „Crystal Defects in Crystalline Interfaces". Bollmann hatte sich sehr beschäftigt mit der Theorie der Versetzungsstruktur in Kleinwinkelkorngrenzen, und in seinem Buch erweiterte er diese Vorstellungen auch auf die Interface-Struktur von Phasengrenzflächen. Hierbei ging es freilich nur um versetzungsgeometrische Fragen und vornehmlich um deren mathematische Darstellung nach dem Konzept, wie es sich bei der Erklärung von Kleinwinkelkorngrenzen bewährt hatte. Wir wissen heute, daß die wirklichen Vorgänge zur Ausbildung der Interface-Strukturen in Phasengrenzflächen sehr viel komplizierter sind, aber das Buch von Bollmann löste ganz entschieden die Bearbeitung der Problematik aus.

Stand zunächst das Problem der Interface-Strukturen im Zusammenhang mit Fragen der Epitaxie im Vordergrund, so ist heute die viel allgemeinere Bedeutung erkannt, und die Problematik berührt jetzt ganz allgemein das Thema der Phasengrenzflächen. Es geht dabei auch um das tiefere Verständnis der in der Metallkunde verwendeten Begriffe kohärente und inkohärente Ausscheidungen, um die Interface-Strukturen in Eutektika, und es folgten bald auch die ersten Untersuchungen an heterogenen Mineralien.

Wir in Halle waren durch zwei Arbeitsrichtungen auf die allgemeinere Problematik vorbereitet. Die verfeinerte geometrische Behandlung der Versetzungsanordnung in Kleinwinkelkorngrenzen war uns geläufig, weil wir mittels der bei uns angewendeten Dekorationstechnik als Methode der Elektronenmikroskopie das wohl umfangreichste Material zur Versetzungsstruktur in Kleinwinkelkorngrenzen erarbeitet hatten. Mit speziellen Verfahren züchteten wir Bikristalle aus NaCl. Aus den Untersuchungen von Dr. SCHOLZ zeigt die Abb. 1 drei typische

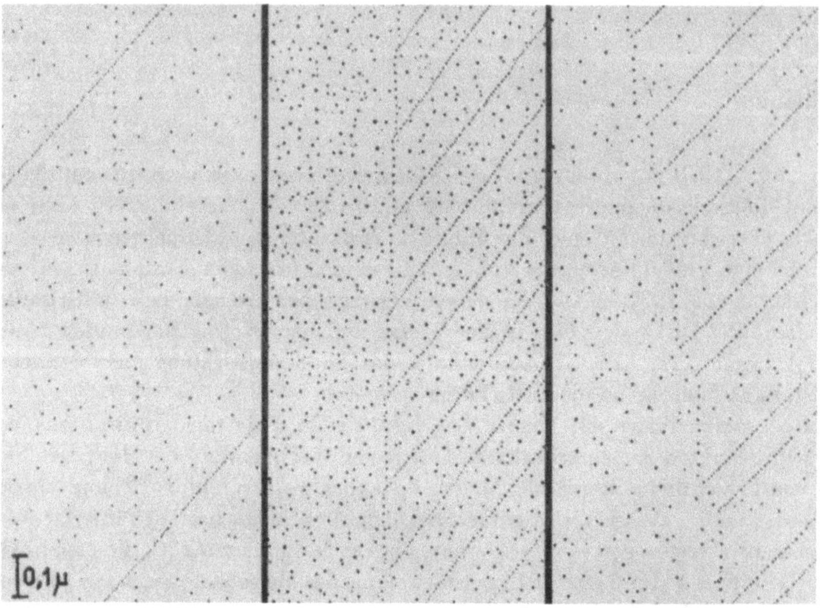

Abb. 1 Versetzungsanordnungen in Kleinwinkelkorngrenzen unterschiedlichen Typs (NaCl-Kristall)

Beispiele der in solchen Bikristallen vorliegenden Kleinwinkelkorngrenzen. Im linken Beispiel haben wir eine reine, nur aus Stufenversetzungen aufgebaute tiltboundary vorliegen. Jeder der Durchstoßpunkte einer Stufenversetzung ist durch die bevorzugte Anlagerung eines Goldkeimes markiert. Wir sehen, daß die Anordnung sehr gut äquidistant ist. Mißt man röntgenographisch die Fehlorientierung, dann ist mit einfachen Formeln Korrespondenz zwischen der Fehlorientierung und dem Abstand der Versetzungen herzustellen. Im mittleren Beispiel hat die Grenze weitgehend tilt-Charakter, aber in Abständen von etwa 1000 Å stößt jeweils auch eine Schraubenversetzung zur Oberfläche durch; beim Spalten wird von diesen Durchstoßpunkten ausgehend eine Spaltstufe gebildet. Im rechten Beispiel liegt eine etwas kompliziertere Struktur vor, auch hier hat die Grenze überwiegend tilt-Charakter, aber mit einem twist-Anteil. Für das mittlere Beispiel ergibt die genauere Diskussion eine in der Grenze liegende Versetzungsstruktur, wie sie die Zeichnung der Abb. 2 wiedergibt. Die Schar der Stufenversetzungen wird schräg durchschnitten von Schraubenversetzungen, die mit den Stufenversetzungen zu Versetzungsreaktionen führen, wie es entlang der von D nach B reichenden Versetzung gezeichnet ist. Es entstehen dadurch in der Spur der Grenze kleine Knicke (Punkt B), wie wir sie in der elektronenmikroskopischen Aufnahme sehen.

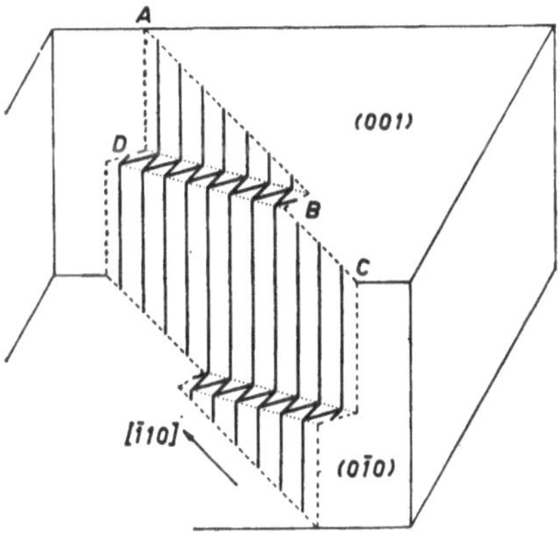

Abb. 2 Schematische Zeichnung der Versetzungsanordnung in einer tilt-Grenze, die von einzelnen Schraubenversetzungen durchschnitten wird

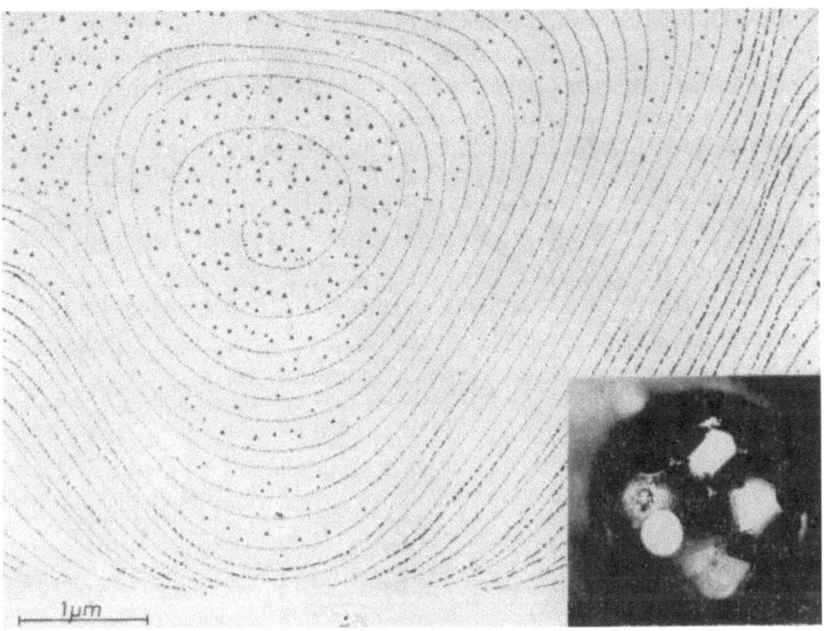

Abb. 3 (111)-Wachstumsfläche auf einem elektrolytisch gewachsenen, kugelförmigen Ag-Einkristall

Mit diesen Erfahrungen beherrschten wir sehr gut den Formalismus der Versetzungsreaktionen zur Beschreibung der Versetzungsfeinstruktur in planaren Versetzungsanordnungen, die wir ebenfalls als innere Grenzflächen bezeichnen.

Die zweite Richtung, in der wir nützliche Erfahrungen hatten, betraf die Herstellung weitgehend atomar ebener Metalloberflächen. Schon Ende der sechziger Jahre war es uns gelungen, in Weiterführung von Arbeiten der KAISCHEWschen Schule in Sofia kleine kugelförmige Silber-Einkristalle herzustellen, die dann bei nachfolgend elektrolytischem Wachstum wohldefinierte Oberflächen zeigen. Ein Beispiel aus den früheren Untersuchungen von Dr. KLAUA gibt die Abb. 3. Rechts unten haben wir die Abbildung eines einige Millimeter großen Silberkristalls; wir sehen gut ausgebildet die (111)- und (100)-Flächen. Die Flächen sind weitestgehend atomar glatt, und es gelingt darauf die Golddekoration. In der elektronenmikroskopischen Aufnahme ist die aus einer monoatomaren Stufe gebildete Wachstumsspirale auf einer (111)-Fläche abgebildet. Auf solchen Silberflächen können nun durch Aufdampfen sehr perfekte einkristalline Goldschichten erzeugt werden, und damit hatten wir ein sehr ideales System, um die Kinetik der Entstehung der Interface-Struktur in einem Modellsystem zu untersuchen. Hierüber wird Herr Dr. WOLTERSDORF berichten. Wir werden sehen, daß zur Beschreibung und Deutung der Interface-Strukturen die im Substratkristall vorliegenden und zur Oberfläche durchstoßenden Versetzungen eine Rolle spielen und es notwendig ist, insbesondere wenn die Interface-Strukturen in Abhängigkeit von der Temperatur beim Aufwachsen untersucht werden, auch die Diffusion im Bereich der Grenzfläche zu betrachten ist. Auch für solche Untersuchungen ist unser Modellsystem ideal. Wir haben mittels der Auger-Spektroskopie das Diffusionsverhalten von Ag im Grenzflächenbereich untersucht, Herr Dr. KLAUA berichtet hierzu über die gemeinsam mit Herrn MEINEL durchgeführten Untersuchungen.

Jörg Woltersdorf

Interfacestrukturen in Systemen starker und schwacher Wechselwirkung

Die folgenden Ausführungen sind in fünf Abschnitte gegliedert: Entsprechend der Themenstellung erscheint es zweckmäßig, im ersten Teil die Wechselwirkungsstärke zwischen den beiden Partnern eines epitaktischen Systems zu betrachten und den Einfluß dieser Wechselwirkungsstärke sowohl auf die Natur des sich zwischen beiden Phasen ausbildenden Übergangsbereiches als auch auf die Mechanismen der Schichtentstehung zu untersuchen.

Danach werden im zweiten Abschnitt einige Probleme diskutiert, die mit dem Fehlpassungsausgleich in Bikristallen (bei starker Wechselwirkung und unterschiedlichen Gitterparametern beider Phasen) zusammenhängen und die zunächst mit Hilfe der auf Frank und van der Merwe zurückgehenden mathematischen Theorie der Grenzfläche behandelt werden.

Daran anschließend wird über transmissionselektronenmikroskopische Beobachtungen der Interface des Systems Silber/Gold berichtet. Es wird dabei gezeigt, daß die auftretenden Interfacestrukturen ohne Verwendung der Frank-van der Merwe Theorie interpretierbar sind, sofern gesichert ist, daß der Substratkristall ausreichend viel eingewachsene, gleitförmige Versetzungen besitzt.

Der vierte Abschnitt enthält Ergebnisse der am Sandwichsystem Magnesiumoxid/Aluminium ausgeführten Untersuchungen. Die Schichtentstehung in diesem System zeigt die für schwache Wechselwirkungen charakteristischen Merkmale.

Im letzten Abschnitt wird das Problem der Pseudomorphie näher betrachtet, und es werden die diesbezüglichen Diskrepanzen zwischen den Ergebnissen der LEED- und RHEED-Untersuchungen diskutiert.

1. Wechselwirkungsstärke und Epitaxie

Eine wesentliche Voraussetzung für die gegenseitige Beeinflussung der Verwachsungspartner während des Epitaxieprozesses ist eine bestimmte Wechselwirkung in der Grenzfläche. Von der Stärke dieser Grenzflächenwechselwirkungen hängen in großem Maße die beobachteten Erscheinungsformen und Besonderheiten des epitaktischen Wachstums ab. Durch diese Wechselwirkungen werden die Struktureigenschaften der kristallinen Substratphase auf die aufwachsende

Depositphase übertragen, so daß die aufwachsende Schicht auch einen ihr artfremden Gitter*typ* annehmen kann. Ebenso ist eine Angleichung der Gitter*konstanten* bis zu einem gewissen Grade möglich, d. h. die Gitter können sich wechselseitig in Abhängigkeit von ihren elastischen Parametern verzerren. (Eine derartige Anpassung der Gitter wird als Pseudomorphie bezeichnet, wobei in Abhängigkeit vom Grad der Angleichung noch zwischen partieller und vollständiger Pseudomorphie unterschieden wird, s. dazu die Abschnitte 3 und 5.) Obwohl über die quantitative Bestimmung der Grenzflächenwechselwirkung wenig bekannt ist, kann sie dennoch als Parameter dienen, der es ermöglicht, eine gewisse qualitative Systematik in das Problem der Epitaxie zu bringen. Die Wechselwirkungen können dabei sowohl chemischer (heteropolare-, homöopolare-, Metallbindung) als auch physikalischer Natur (Adhäsionskräfte) sein. Mit abnehmenden Bindungskräften zwischen Substrat- und Depositpartikeln, d. h. mit abnehmender Grenzflächenwechselwirkung, können an der Phasengrenze immer mehr die Kräfte wirksam werden, die zur Oberflächenspannung der betrachteten Substanzen beitragen. Im Grenzfalle vernachlässigbar kleiner Wechselwirkungen bildet sich schließlich als Phasengrenze eine „Doppelschicht“, bestehend aus den Oberflächen der dann weitgehend unabhängig voneinander koexistierenden Verwachsungspartner. Die Energie der Grenzfläche besteht dann aus den Oberflächenenergien von Substrat und Deposit und ist wesentlich höher als im Falle starker Wechselwirkungen, wo die Grenzflächenenergie wegen der fehlenden Oberflächen nur durch die Verwachsungsenergie verkörpert wird. Grenzflächenenergie und Grenzflächenwechselwirkung stehen somit in umgekehrtem Verhältnis zueinander.

Die epitaktischen Verwachsungen lassen sich grob in zwei Gruppen einteilen, die sich im Entstehungsprozeß ihrer Depositschicht wesentlich voneinander unterscheiden:

a) Systeme mit starken Grenzflächenwechselwirkungen und damit niedrigen Grenzflächenenergien: Zu dieser Gruppe gehören Verwachsungen, in denen die Substrat- und Depositatome (bzw. -moleküle) eine chemische Verbindung oder Metallbindung eingehen. Die Bindungsenergien E sind dabei zwischen artgleichen und artfremden Teilchen annähernd gleich:

$$E_{AB} \approx E_{AA} \approx E_{BB}.$$

Ebenso wird der Grenzflächenschermodul gewöhnlich durch den des kompakten Substrats genähert.

b) Systeme mit schwachen bzw. vernachlässigbaren Grenflächenwechselwirkungen und folglich hohen Grenzflächenenergien: Substrat und Deposit werden hierbei lediglich durch Adhäsionskräfte zusammengehalten, so daß die Bindungsenergien zwischen artgleichen Teilchen wesentlich größer als zwischen artfremden sind:

$$E_{AB} \ll E_{AA}\,,\ E_{BB}.$$

Eine derartige Einteilung läßt freilich nur eine qualitative Unterscheidung zu und ist außerdem abhängig von den bei der Herstellung der Bikristalle herrschenden Versuchsbedingungen, d. h. die Grenzflächenenergie kann stark beeinflußt werden durch Oberflächenkontaminationen, den Einbau von Restgasen oder durch den temperatur- und zeitabhängigen Grad der Interdiffusion bzw. der wechselseitigen Reaktion, so daß es zwischen den genannten Extremen eine Reihe von Übergangserscheinungen gibt. Infolge der im allg. unterschiedlichen Gitterparameter tritt in epitaktischen Bikristallsystemen eine bestimmte Fehlpassung auf. In stark wechselwirkenden Verwachsungssystemen ist der Ausgleich dieser Fehlpassung prinzipiell durch zwei verschiedene charakteristische Mechanismen möglich, die sich auch überlagern können:

— Bei geringen Schichtdicken und nicht zu großer Fehlpassung kann eine teilweise oder sogar vollständige Angleichung der Gitter durch homogene elastische Verzerrungen erfolgen (partielle oder vollständige Pseudomorphie).
— Mit zunehmender Dicke der Depositschicht macht sich ein Einbau von sogenannten Fehlpassungsversetzungen, d. h. eine plastische Verformung im Grenzschichtbereich erforderlich.

Pseudomorphie und Fehlpassungsversetzungen sind somit typische Kennzeichen für stark wechselwirkende Bikristallsysteme. In den Abschnitten 2 und 3 wird auf diese Fälle näher eingegangen.

Ebenso wie die Gestalt des Deposits wird auch die Natur der Grenzschicht in schwach wechselwirkenden Systemen eine andere sein als sie bei starken Grenzflächenwechselwirkungen beobachtet wird. Wenn z. B. Metalle mit Nichtmetallen verwachsen, setzt sich die Grenzflächenenergie nahezu additiv aus den Oberflächenenergien der Verwachsungspartner zusammen. Zur Erniedrigung der Gesamtenergie wird sich in solchen Systemen eine Aufwachsung möglichst weitgehend von der Substratunterlage lösen und eine dreidimensionale Gestalt annehmen. Im Grenzfall der verschwindenden Wechselwirkungen sollte dann ein Keim ähnlich wie im freien Raum kondensieren. Das wird jedoch in der Praxis niemals vorkommen, denn Kontaminationen oder Ausbildung einer Reliefstruktur können die Grenzflächenwechselwirkungen entsprechend verstärken. Allgemein gilt: Mit abnehmender Wechselwirkung zwischen Substrat und Deposit wird das Epitaxieverhalten empfindlicher gegenüber kleinen Änderungen der Grenzflächenenergie, und die Beschaffenheit der Substratoberfläche sowie die darauf abgelagerten Verunreinigungen spielen eine immer größere, vielleicht sogar dominierende Rolle. Da auch in schwach wechselwirkenden Systemen gewöhnlich eine Fehlpassung zwischen beiden Gittern existiert, muß ebenso wie in stark wechselwirkenden Bikristallen innerhalb eines bestimmten, als Grenzschicht bezeichneten Bereichs ein Übergang der Gitterkonstanten stattfinden, wenn man voraussetzt, daß Substrat und Deposit in genügender Entfernung von der Grenzfläche die Gitterparameter des kompakten Materials besitzen. Über die atomare Anordnung im Grenzschichtbereich schwach wechselwirkender Systeme ist bisher nur wenig bekannt. Man konnte jedoch in keinem der zahlreich durchgeführten Epitaxieexperimente der Gruppe Metall/Nichtmetall Pseudomorphie oder Anpassungsversetzungen beobachten. Selbst kleinste Keime von einigen zehn Å Durchmesser wachsen offenbar sofort mit den für sie spezifischen Gitterparametern auf der Substratunterlage auf. Ein derartiges Verhalten ist ohne weiteres verständlich, wenn man annimmt, daß hier die Wechselwirkungen zwischen den Verwachsungspartnern zu gering sind, um dem Deposit die Struktur des Substrats aufzuprägen. Fehlt aber das pseudomorphe Stadium selbst der ersten Schicht, so bedeutet das nichts anderes, als daß das Deposit völlig ohne vom Substrat induzierte elastische Verzerrungen aufwächst und ein späterer Einbau von Anpassungsversetzungen nicht mehr möglich und auch ohnehin überflüssig ist. Die Wechselwirkungen zwischen beiden Kristallpartnern sind hier gerade noch stark genug, um eine Ausrichtung des Deposits nach den kristallographischen Richtungen der Substratunterlage zu bewirken und damit das epitaktische Wachstum überhaupt zu ermöglichen. Eine Ausrichtung beginnt bereits mit der Bildung der ersten Depositkeime; sie ist jedoch keineswegs damit abgeschlossen, sondern kann mit zunehmender Schichtdicke und damit zunehmender Inselgröße verbessert werden.

In schwach wechselwirkenden Bikristallsystemen ist folglich nicht allein die Keimbildung, sondern vor allem der mit dem weiteren Schichtwachstum verbundene Zusammenschluß der dreidimensionalen Inseln, die sog. Koaleszenz, für die erreichte Güte der Epitaxie wichtig. Man unterscheidet daher in solchen Systemen vier Stadien des Filmwachstums, die im folgenden definiert werden, wobei zu beachten ist, daß das Schichtwachstum zwar an jeder Stelle der Substratoberfläche prinzipiell mit dem ersten Stadium (der Keimbildung) beginnt, jedoch können im weiteren Verlauf des Prozesses auf verschiedenen Substratbereichen die einzelnen Wachstumsstadien nebeneinander koexistieren. In diesem Sinne geschieht die Zerlegung des epitaktischen Filmwachstums in vier Teilschritte lediglich zum besseren Verständnis des komplizierten Prozesses.

a) Keimbildung:

Zu Beginn der Bedampfung werden Einzelatome der Depositsubstanz auf der Substratoberfläche adsorbiert. Infolge Oberflächendiffusion und direkter Anlagerung aus der Dampfphase bilden sich zunächst unterkritische, dann kritische Keime. Nach dem Entstehen der ersten stabilen Keime wachsen diese unter Zuführung von Monomeren aus der Umgebung weiter. Es stellt sich eine primäre Keimdichte ein, die wesentlich von den Bedampfungsparametern und der Mobilität der Depositatome auf der Substratoberfläche bestimmt wird. Im Elektronenmikroskop werden die ersten Keime bei 20—50 Å Durchmesser beobachtet. Sie scheinen spontan zu entstehen und sind im allg. statistisch auf der Substratoberfläche verteilt. Ihre Form ist dreidimensional, jedoch meist nicht halbkugelförmig, sondern abgeflacht. Dies weist darauf hin, daß das Wachstum mehr durch Herandiffundieren aus der Umgebung als durch direkte Anlagerung aus der Dampfphase erfolgt. Außerdem besteht die Möglichkeit, daß sich insbesondere im Anfangsstadium Keime mit regelmäßigen kristallographischen Flächen bilden.

Selbst die kleinsten beobachtbaren Inselkeime wachsen, wie eine entsprechende Auswertung von Moirémustern bestätigt, mit den Gitterparametern des kompakten Materials auf. Ihre Ausrichtung ist schon in diesem Stadium weitgehend durch die Substratunterlage bestimmt. Lediglich eine geringe Fehlorientierung bis zu 3° wurde beobachtet. Während des isolierten Wachstums sind die Keime vollkommen defektfrei. Kristallbaufehler entstehen erst im weiteren Filmwachstumsprozeß.

b) Koaleszenz I (LLC I):

Indem die Keime an Größe zunehmen, nähern sie sich einander. Schließlich kommt es zur Berührung zweier oder mehrerer Teilchen, und durch in situ-Beobachtungen konnte gezeigt werden, daß die Partikel in Bruchteilen einer Sekunde zusammenfließen. Dabei wird stets der kleinere vom größeren Keim „aufgesaugt". Der Vorgang der Teilchenkoaleszenz ähnelt äußerlich sehr stark dem Verschmelzen von Flüssigkeitstropfen auf schwer benetzbarer Unterlage, so daß häufig die Bezeichnung „liquid-like-coalescence-I-state", LLC I, gebraucht wird. Tatsächlich handelt es sich jedoch nicht um flüssige Depositpartikel. Während der LLC I bleibt nämlich, wie das Vorhandensein von Moirélinien beweist, jede der verschmelzenden Inseln im kristallinen Zustand. Der LLC I-Zustand führt u. a. zu einer Vergrößerung des Höhe/Durchmesser-Verhältnisses der verschmolzenen Partikel. Dadurch reduziert sich die Oberfläche des Deposits, und es wird gleichzeitig freie Substratfläche geschaffen, auf der es dann erneut zur Keimbildung aus der Dampfphase kommen kann. Verschmelzen zwei um kleine Winkel gegenseitig verdrehte Inseln, so können Kristalldefekte entstehen; in den meisten Fällen richten sich die Inseln jedoch durch Umkristallisation exakt nach den kristallographischen Richtungen des Substrats aus.

c) Koaleszenz II (LLC II):

Erreichen die Inseln eine bestimmte Größe bzw. ist die Substratoberfläche bis zu einem bestimmten Grad vom Deposit bedeckt, so genügt bereits eine weitere Bedampfung von 5 bis 10 Å, um eine Zusammenlagerung größerer Flächen hervorzurufen. Die zusammengeflossenen Inseln flachen sich wieder ab, sind aber immer noch durch Kanäle und Löcher voneinander getrennt. Ein derartiger Prozeß spielt sich ebenfalls in wenigen Zehntelsekunden ab. Es ist dafür der Begriff „liquid-like-coalescence-II-state", LLC II, üblich.

Eine Erhöhung der Substrattemperatur führt, infolge der höheren Adatombeweglichkeit, über niedrige primäre Keimdichten zu einer geringeren Zahl größerer Inseln, so daß der LLC II-Zustand in diesem Falle erst bei wesentlich größeren durchschnittlichen Schichtdicken einsetzt.

d) Bildung eine geschlossenen Schicht:

Eine geschlossene Schicht ist erreicht, wenn sich die letzten der noch verbleibenden einige hundert Å breiten Kanäle im Film gefüllt haben. Das kann durch erneute Keimbildung in den freien Kanälen (sekundäre Keimbildung), anschließendes Keimwachstum, LLC I und LLC II geschehen, aber auch durch die Möglichkeit der Brückenbildung über die Kanäle, die beispielsweise durch Kontamination verursacht werden kann und zu einem raschen Schließen der Kanäle führt. Zweifellos werden die LLC und die Kanalschließung durch Brückenbildung durch den gleichen physikalischen Effekt verursacht. Im allgemeinen ist aber der Kanalfüllungsprozeß — das Endstadium der epitaktischen Schichtbildung — ein im Vergleich zur LLC langsamer Vorgang.

2. Die theoretische Behandlung der Interface in stark wechselwirkenden Systemen

Betrachtet man die existierenden Theorien der Epitaxie, angefangen von den ROYERschen Arbeiten über die BRÜCK-ENGELsche und die FRANK-VAN DER MERWEsche Theorie bis hin zu den verschiedenen Keimbildungstheorien, dann fällt auf, daß nur eine von ihnen, nämlich die auf FRANK und VAN DER MERWE zurückgehende, explizit Gebrauch vom Grenzflächenbegriff macht. Die angeführten Theorien versuchen jeweils Teillösungen des Problemkomplexes „Epitaxie" zu finden, wobei die FRANK-VAN DER MERWEsche speziell die Frage behandelt, auf welche Weise die zwischen zwei Verwachsungspartnern auftretende Fehlpassung ausgeglichen wird. Daß hierbei der Begriff der Grenzfläche und ihrer Struktur eine entscheidende Rolle spielt, ist naheliegend, zumal die nach wie vor im allgemeinen ungeklärte Erscheinung der Epitaxie sich in manchen Fällen unter Benutzung des Begriffs der Grenzflächenstruktur deuten läßt, d. h. die Aufklärung der Struktur des Grenzbereiches erlaubt Rückschlüsse auf bestimmte Gesetzmäßigkeiten des epitaktischen Wachstums. Die Anwendung des Begriffs der Grenzflächen- oder Interfacestruktur geschieht jedoch nicht in einheitlicher Weise; zum anderen scheint es, als würde die Tragfähigkeit der mit ihm verbundenen mathematischen Abstraktionen zuweilen überschätzt. Es soll deshalb zunächst hier folgende Definition vorgeschlagen werden: „Interface" ist ein allgemeines Anpassungsmedium endlicher Dicke, das den Übergangsbereich zwischen zwei verschiedenen Kristallen bildet, die sich in Gittertyp, Gitterparametern oder Orientierung unterscheiden. Eine „Grenzfläche" ist dann der — mathematisch relativ einfach modellierbare — Sonderfall einer Interface mit verschwindender Dicke. Selbstverständlich sollen auch solche Fälle in die Interface-Problematik mit einbezogen werden, in denen sich infolge zu geringer Wechselwirkung zwischen den Verwachsungspartnern bzw. infolge verschiedener Bindungstypen der beiden Kristalle der Grenzbereich tatsächlich nur auf wenige oder sogar eine einzige Atomlage erstreckt, wo also die Bezeichnung „Grenzfläche" exakt verwendbar ist.

Die Vorstellung, daß die Grenzfläche zwischen zwei Kristallen ähnlicher Geometrie aber unterschiedlicher Gitterkonstanten durch eine Anordnung von Anpassungsversetzungen beschrieben werden kann, wurde 1949 von FRANK und VAN DER MERWE entwickelt [1], [2]. Ihr Modell simulierte eine epitaktische Monoschichtaufwachsung, und unter Verwendung des Prinzips minimaler Gesamtenergie des Systems konnte gezeigt werden, daß die Verzerrungen innerhalb der Monoschicht zu einer Konfiguration führen, bei der Stellen guter Passung in gleichen Abständen unterbrochen werden von Stellen maximaler Verzerrung. (Eine ausführliche Darstellung der mathematischen Behandlung des Grenzflächenproblems ist in [3] und

[4] enthalten.) Solche Orte schlechter Passung wurden als Kerne sogenannter Anpassungsversetzungen definiert.

Dieser Theorie zufolge werden somit in die epitaktisch aufgewachsene Schicht periodisch, mit einer Schwebungsfrequenz, die vom Grad der Fehlpassung abhängt, Versetzungen eingebaut, die die existierende Gitterkonstantendifferenz ausgleichen sollen. Das weiteren ergibt sich unter bestimmten Bedingungen durch homogene Verzerrungen eine partielle oder gegebenenfalls sogar vollständige Anpassung der mittleren Gitterkonstanten der aufgewachsenen Schicht an die des Substratkristalls. Die natürliche Fehlpassung in der Grenzfläche eines Bikristallsystems wird also gemeinsam sowohl von einer *periodischen* Verteilung von Verzerrungen als auch von einer überlagerten *homogenen* Verzerrung ausgeglichen. Unterhalb einer kritischen Fehlpassung ist die Schicht kohärent, d. h. es erfolgt kein Einbau zusätzlicher Halbebenen, und die gesamte Fehlpassung wird allein durch homogene Verzerrung kompensiert. Die kritische Fehlpassung, unterhalb deren dies möglich ist, sowie der dabei auftretende maximale relative Energiegewinn, hängen ab von den physikalischen Parametern des betreffenden Systems. Die Gültigkeit dieser Theorie könnte sich somit prüfen lassen durch die Bestimmung der Werte der kritischen Parameter. Bevor auf die damit verbundenen Schwierigkeiten eingegangen wird, sei zunächst noch etwas zur Theorie gesagt.

Um das Problem einer mathematischen Behandlung zugänglich zu machen, mußte ein relativ grobes Modell benutzt werden. FRANK und VAN DER MERWE untersuchten im einfachsten Falle äquidistante Kugeln, die, verbunden durch geeignete Federn, in Gleichgewichtsabständen angeordnet sind. Diese Kugeln werden durch ein periodisches Potentialfeld beeinflußt, vergleichbar mit Eisenkugeln in speziellen Anordnungen magnetischer Felder. Für die festkörperphysikalischen Anwendungen von Resultaten, die sich aus derartigen Modellrechnungen ergeben, sind folgende Festlegungen bzw. vereinfachende Annahmen nötig:

1. Die Grenzfläche ist eben, atomar glatt, und es werden kontinuierliche Grenzflächenübergänge, die durch Interdiffusion, bzw. Legierungen der Kontaktsubstanzen auftreten könnten, ausgeschlossen. Das bedeutet, die Gitterkonstante und entsprechende Kristalleigenschaften springen an der Grenzfläche. (Möglichkeiten, den Einfluß der Diffusion im Grenzschichtbereich näherungsweise zu berücksichtigen, werden in [5], [6] behandelt.)

2. Die Wechselwirkung der Atome, die unmittelbar zu beiden Seiten der Grenzfläche liegen, wird wegen der periodischen Struktur der Kristalle dargestellt durch eine in der Grenzfläche periodische Energiefunktion.

3. Die beteiligten Verwachsungspartner sind Idealkristalle; die einzige Störung in der periodischen Struktur des Bikristallsystems bildet die Grenzflächenebene. Das heißt insbesondere, daß der als Substrat dienende Kristall in der Rechnung als versetzungsfrei vorausgesetzt wird.

4. Der Substratkristall ist starr; seine Gitterkonstante bleibt in jeder Netzebene während des epitaktischen Aufwachsens des anderen Partners konstant. Diese Vor-

aussetzung gilt für die Monoschichtaufwachsung; für unendlich dicke Epitaxieschichten wird eine Substratdeformation zugelassen.

5. Der Substratkristall ist unendlich dick, so daß die elastischen Spannungen bei $z = -\infty$ verschwinden.

6. Es tritt eine Wechselwirkung der Adatome untereinander nur mit den nächsten Nachbarn auf.

7. Die Kristalle verhalten sich wie elastische Kontinua, entsprechend dem HOOKEschen Gesetz.

8. Die innerhalb der epitaktisch aufgewachsenen Schicht auftretenden relativen Verschiebungen benachbarter Atome sind sämtlich so klein, daß sie durch eine elastische Näherung beschrieben werden können.

9. Es werden des einfacheren Formalismus wegen nur kubische oder orthorhombische Kristalle betrachtet, die die Benutzung rechtwinkliger Koordinaten ermöglichen.

10. Die Atomanordnung in der Grenzschicht wird gesteuert durch das Prinzip minimaler Energie, und die sich einstellende Konfiguration entspricht dem Zustand, in dem die Gesamtenergie des Systems ein Minimum besitzt.

11. Das Wachstum der dünnen Schicht auf dem Substratkristall ist zweidimensional und erfolgt so langsam, daß sich das System zu jedem Zeitpunkt in einem Quasigleichgewicht befindet. Das System selbst wird dabei stets als so groß vorausgesetzt, daß es als thermodynamisches behandelt werden kann.

12. Die Abhängigkeit der freien Oberflächenenergie von der Verzerrung wird vernachlässigt.

Weitere Annahmen bzw. Vereinfachungen werden dann im Verlauf der Rechnung gemacht (s. dazu [4]).

Ziel der Rechnung ist die Bestimmung der Abhängigkeit der relativen Verschiebung der Atome von ihrer Atomnummer. Dazu wird die Verzerrungsenergie der einzelnen Elementarzellen summiert, und nach Addition des Energiebeitrages, der aus dem periodischen Substratpotential resultiert, ergibt sich die Gesamtenergie der Schicht- bzw. Kettenatome. Die partielle Differentiation nach den relativen Verschiebungen führt dann zu einem komplizierten nichtlinearen Differenzengleichungssystem. Dieses System kann durch ein Differentialgleichungssystem angenähert werden, und die Lösung ist durch Einführung der einschneidenden Annahme möglich, daß die Verzerrungen in X- und Y-Richtung unabhängig voneinander sind.

Die Lösung, in Gestalt elliptischer Funktionen, ist in der schon angegebenen Weise interpretierbar, d. h., die periodische Verzerrungsverteilung, die sich ergibt, wird entsprechend als Netzwerk von Anpassungsversetzungen angesehen. Mit Hilfe von Energiebetrachtungen konnte VAN DER MERWE auch die Dichte dieser Anpassungsversetzungen (und somit auch den Beitrag an homogener Verzerrung) im Energieminimum bestimmen, da jedem Energiezustand des Systems ein bestimmtes Verhältnis zwischen der Größe der Fehlpassung und der Misfitversetzungsdichte entspricht.

Die oben angeführten Voraussetzungen sowie die Näherungen, die sich im Verlauf der Rechnung erforderlich machen, modifizieren die Anwendbarkeit und die Prüfbarkeit der Theorie. Es ist jedoch im Hinblick auf die Komplexität der Fragestellung und auf die Forderung nach vertretbarem Rechenaufwand kaum möglich, das Risiko zu umgehen, das mit solchen Näherungen und vereinfachenden Annahmen verbunden ist. Innerhalb dieser Voraussetzungen führt die Theorie von VAN DER MERWE zu interessanten und auch plausiblen Ergebnissen. Unbefriedigend ist jedoch, daß diese Grenzflächentheorie keinen Ausgangspunkt für die wichtigen Fragen nach Herkunft und Entstehungsmechanismen der Anpassungsversetzungen liefern kann. Von Bedeutung scheint dabei die Frage zu sein, wie die hohen Energien (durchschnittlich einige Elektronenvolt pro Versetzungselement von der Länge eines BURGERSvektors) aufgebracht werden können, die zur spontanen Erzeugung von Versetzungen erforderlich sind. Daher liegt z. B. der Gedanke nahe zu untersuchen, auf welche Weise Versetzungen, die bereits im Bikristallsystem vorhanden sind, also eingewachsene Substratversetzungen, durch bestimmte Gleit- und Aufspaltungsmechanismen zu einem Fehlpassungsausgleich führen können. Fragen dieser Art sind jedoch keine Fragen an die oben angeführte Theorie, die eindeutig von Idealkristallen ausgeht, d. h., alle, innerhalb der Theorie auftretenden Versetzungen müssen solche sein, die spontan bei der Epitaxie erzeugt wurden, sonst verfälschen sie die Rechnung. Wenn nämlich der Substratkristall bereits Versetzungen in entsprechender Dichte enthält, wird die den Rechnungen zugrunde gelegte Periodizität des Substratpotentials zerstört. Es müßte also dieses Potential modifiziert werden durch eine bestimmte Verteilungsfunktion von zur Oberfläche des Substratkristalls durchstoßenden Versetzungen, was mit erheblichen mathematischen Schwierigkeiten verbunden wäre.

Durch die Beschränkung auf so idealisierte Fälle wie sie oben angegeben sind und weiterhin durch die große Zahl physikalischer und mathematischer Vereinfachungen wird es praktisch unmöglich gemacht, die Ergebnisse dieser Theorie experimentell mit hinreichender Genauigkeit zu überprüfen, da in der Praxis die theoretisch behandelbaren Fälle nicht nachvollziehbar sind. Zwar können im grenznahen Bereich bestimmte Versetzungstypen sowie andere Defekte beobachtet werden, wobei auch in einigen Fällen eine relativ gute Bestätigung von vorhergesagten kritischen Werten erzielt wurde ([7], [8]), doch lassen sich solche Erscheinungen zwanglos ohne Hinzuziehung der oben im Überblick dargestellten Theorie deuten, wobei es sich zeigt, daß gerade diejenigen Prozesse für den Aufbau der Übergangsstruktur eine entscheidende Rolle spielen können, die in der theoretischen Behandlung nicht berücksichtigt wurden, nämlich die Dichte und die Verteilung von Substratversetzungen. Dies ist besonders wichtig für Fälle geringen Misfits und/oder hoher Substratversetzungsdichte.

Hinzu kommt noch, daß das Aufwachsen ein zeitlicher Vorgang ist. Die Untersuchung der Kinetik von Anpassungsmechanismen muß folglich nicht nur vom Realkristall ausgehen, sondern sie sollte auch den in der Zeit ablaufenden Wachstumsvorgang unter Einschluß von Kristallbaufehlerreaktionen beschreiben können.

In der oben angeführten Theorie wird vorausgesetzt, daß sich bis zum Erreichen bestimmter kritischer Dicken keinerlei Reaktionen abspielen. Damit wird von vornherein ausgeschlossen, daß durch bestimmte Gleitprozesse bereits vorhandener Versetzungen ein kontinuierlich erfolgender Abbau der bestehenden Spannungen erfolgt.

In Abschnitt 3 wird gezeigt, wie die Deutung beobachteter Grenzflächenstrukturen und die Berechnung kritischer Schichtdicken auf einfache Weise möglich ist, wenn man vom Vorhandensein solcher gleitfähigen Versetzungen im Bikristallsystem ausgeht, die infolge der von der Fehlpassung herrührenden Eigenspannungen durch bestimmte Reaktionen im Grenzschichtbereich einen Fehlpassungsausgleich herbeiführen können. Durch Vergleich der auf die Versetzungen wirkenden schichtdickenabhängigen Schubspannungen mit der Linienspannung der Versetzung ist dann unter Berücksichtigung der Geometrie der vorliegenden Gleitsysteme die kritische Schichtdicke bestimmbar, oberhalb deren ein Gleiten in der Grenzflächenebene stattfindet, das im Sinne einer Gitterangleichung wirkt. Zu dieser Erkenntnis haben wesentlich die in den letzten Jahren erschienenen Arbeiten von Matthews und Jesser (s. z. B. [7] bis [15]) beigetragen, die bei der Deutung bestimmter Grenzflächenstrukturen ebenfalls von der Existenz gleitfähiger Versetzungen ausgingen.

Selbstverständlich ist diese Methode kein Ersatz für die van der Merwesche Theorie, da sie ebenfalls nur unter bestimmten Voraussetzungen wie z. B. ausreichende Versetzungsdichte des Substrats und pseudomorphes Wachstum anwendbar ist. Es bleibt also weiterhin für die Untersuchung von Grenzflächenstrukturen von prinzipiellem Interesse, wie ein Fehlpassungsausgleich bei Kristallpartnern erfolgt, deren Fehlpassung so hoch ist, daß das Versetzungsangebot des Unterlagekristalls nicht ausreicht, um durch Gleit- oder Aufspaltungsmechanismen eine völlige Gitterangleichung zu bewirken.

Möglicherweise muß in solchen Fällen entweder mit einem noch ungeklärten Mechanismus einer Spontanerzeugung von Versetzungen oder mit dem Auftreten eines Bereiches von dreidimensionaler Fehlerordnung gerechnet werden. Bezüglich solcher Prozesse liegen jedoch noch keine gesicherten Erkenntnisse vor.

3. Interfacestruktur in stark wechselwirkenden Systemen am Beispiel Ag/Au

Für die Untersuchung von Grenzschichtstrukturen wird im allgemeinen die Methode der Bikristallpräparation benutzt, d. h., ein Metallsubstratfilm wird auf einen Steinsalzkristall aufgedampft und anschließend mit einem zweiten Metallfilm, dem Deposit, beschichtet. Nach Ablösen der Steinsalzunterlage erhält man so einen durchstrahlbaren Bikristallfilm. Die Nachteile dieser Methode, die auch von Matthews und Jesser ([7] bis [15]) verwendet wurde, bestehen darin, daß die Oberfläche des ersten epitaktisch gewachsenen Films, der als Substrat für den zweiten dient, nicht atomar glatt ist und somit die beobachteten Erscheinungen nicht repräsentativ für das Verhalten von Grenzflächenversetzungen sind, weil die Oberflächeninhomogenitäten die Mechanismen des Filmwachstums und der Versetzungserzeugung stark beeinflussen können. Darüber hinaus kann eine wechselseitige elastische und plastische Relaxation in den beiden Verwachsungspartnern auftreten, da nicht sicher ist, ob die Kopplung zwischen der Steinsalzunterlage und dem als Substrat dienenden ersten Metallfilm stark genug ist, um diesen wie einen kompakten Unterlagekristall wirken zu lassen, der entsprechende Kräfte auf die Depositschicht ausüben kann, wenn diese epitaktisch aufwächst.

Um diese Nachteile zu vermeiden, wurde von uns für die Probenherstellung ein Präparationsverfahren benutzt, das es gestattet, auf atomar glatten Flächen eines kompakten Einkristalls Filme beliebiger Dicke epitaktisch wachsen zu lassen, die anschließend vom Substratkristall abgelöst und transmissionselektronenmikroskopisch untersucht werden können [16], [17]. Als Modellsystem wurde Gold/Silber gewählt, weil durch Untersuchungen von Klaua [18] über das Keim- und Schichtwachstum von Gold auf Silber bereits experimentelle Erfahrungen mit diesem System existieren und weil es die relativ geringe Fehlpassung von 0,18% zwischen dem Silber- und dem Goldgitter ermöglicht, daß nur nach jeweils 560 Atomebenen (was etwa 2280 Å entspricht) eine zusätzliche Halbebene zur Gitterangleichung erforderlich ist. Demzufolge sind vier bis fünf Versetzungslinien pro μ und eine Versetzungsdichte von 10^4 bis 10^5 cm^{-2} zu erwarten, so daß es möglich wird, bei vergleichsweise niedrigen Vergrößerungen arbeiten zu können und auch bei hohen Vergrößerungen noch kontrastreiche Aufnahmen zu erhalten.

Außerdem ist ein direkter Vergleich möglich mit den Resultaten, die Matthews [9] an diesem System mit Hilfe der oben beschriebenen Bikristallpräparation auf Steinsalz erhielt, und zwar wurde dabei die Fehlpassung zwischen dem ersten Metallfilm (Ag) und dem zweiten (Au) bis zu einer Golddicke von etwa 250...300 Å durch elastische Verzerrungen angeglichen. Danach waren Versetzungen zu beobachten, deren Auftreten durch Gleiten von der Probenoberfläche in die Grenzfläche erklärt wurde.

Die Präparation der von uns benutzten Proben besteht aus vier Arbeitsgängen: der Herstellung von Silbereinkristallkugeln, der Erzeugung elektrolytisch gewachsener Flächen von atomarer Glätte, dem aus der Dampfphase erfolgenden epitaktischen Schichtwachstum von Gold auf Silber und dem Ablösen der aufgewachsenen Schicht vom Substratkristall in einer elektrolytischen Zelle.

Die Silbereinkristalle wurden aus Ag-Pulver von 99,99% Reinheit durch langsames Erstarren der Schmelze im Hochvakuum gewonnen [19]. Um anschließend auf diesen Einkristallen atomar glatte Flächen herzustellen, wurde die von Kaischew und Mitarbeitern [20] bis [23] und von Klaua [18], [19] benutzte Methode des elektrolytischen Wachstums angewendet. Der Elektrolyt war eine wäßrige Lösung von 6 n $AgNO_3$ und 1 n HNO_3. Der Kristall wurde zunächst mit einem kurzen anodischen Impuls geätzt, danach wuchs er durch kathodische Abscheidung bei einer Zellenspannung von 0,15 V, einem Strom von 10 mA und einer Stromdichte von (20...25) mA cm^{-2}. Dabei werden innerhalb von 10 min etwa 11 mg Ag abgeschieden, was bei einem Kugeldurchmesser von 4 mm einer mittleren Schichtdicke von 10 μ entspricht. Diese Schichtdicke ist auf den {100}-, {111}- und {211}-Flächen kleiner, infolge der geringeren Wachstumsgeschwindigkeiten dieser Schichten gegenüber denen der aus hochindizierten Flächenelementen bestehenden Zwischenbereiche. Die Größe und Anordnung der Wachstumsflächen ist auf dem in Abb. 1 gezeigten Beispiel gut erkennbar. Daß die Flächen atomar glatt sind, konnte mit Hilfe der Dekorationstechnik gezeigt werden [18].

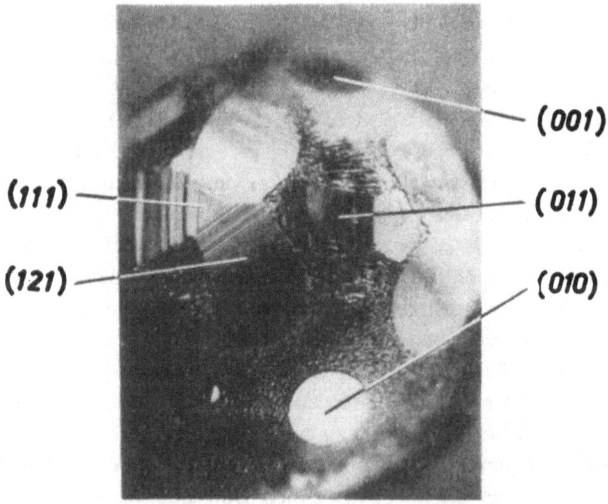

Abb. 1 Lichtmikroskopische Aufnahme eines elektrolytisch gewachsenen Ag-Kugelkristalls

Auf diesen Einkristallflächen wurden durch epitaktisches Aufwachsen von Gold aus der Gasphase, bei einem Vakuum, das besser als 10^{-5} Torr war, die benötigten Schichten erzeugt. Das Ablösen der aufgewachsenen Schicht vom Substratkristall erfolgte in einer elektrolytischen Zelle. Aus empirischen Untersuchungen ergaben sich als günstigste Parameterwerte ein Elektrolyt aus einer 0,1 n $AgNO_3$ und 1,5 n HNO_3-Lösung, eine Spanung von 0,1 V und ein Strom von etwa 15 mA [18]. Die aufgedampfte Schicht wird zuvor rings um die abzulösende Fläche zerstört, um eine Verwechslung mit anderen sich ablösenden Schichtteilen zu vermeiden und um Verzerrungen oder Rissen vorzubeugen. Die elektrolytische Zelle ist so gebaut, daß der Kristall, der auf einem als Anode wirkenden Platinnetz liegt, von einer ringförmigen Silberdrahtkathode umgeben ist. Er wird mit der abzulösenden Fläche nach oben in den Elektrolyten getaucht, und zwar nur so weit, daß diese Fläche gerade an ihrer Berandung von der Lösung benetzt wird. Während des Ablösungsprozesses wird der Goldfilm langsam innerhalb von etwa zwei Stunden von der Silbersubstratfläche abgehoben und schwimmt dann als feines Häutchen auf der Oberfläche des Elektrolyten.

Ergebnisse

Die Untersuchung der Proben erfolgte sowohl am Elmiskop I als auch am JEM-1000-Höchstspannungselektronenmikroskop. Die Dicke der aufgedampften Goldschichten wurde über einen Bereich von einigen hundert Å bis zu 4000 Å geändert, um eine Schichtdickenabhängigkeit der im Grenzbereich auftretenden Strukturen erfassen zu können. Weiterhin wurde die Temperatur des Silbersubstratkristalls im Bereich zwischen Raumtemperatur und 400 °C variiert; desgleichen wurden unterschiedliche Aufdampfraten gewählt, so daß sich Bedampfungszeiten von wenigen Minuten bis zu zwei Stunden ergaben, was die Entwicklung einer kühlbaren Aufdampfapparatur erforderte. Abb. 2 zeigt ein Beispiel von Versetzungsanordnungen, die in 500...800 Å dicken Schichten und bei Substrattemperaturen von etwa 100 °C beobachtet werden konnten. Im vorliegenden Beispiel erklärt sich der Winkel zwischen den Versetzungsscharen daraus, daß es sich um eine Präparation auf einer {110}-Silberfläche handelt und sich zwei {111}-Gleitebenen bezüglich einer ⟨110⟩-Durchstrahlungsrichtung spitzwinklig schneiden.

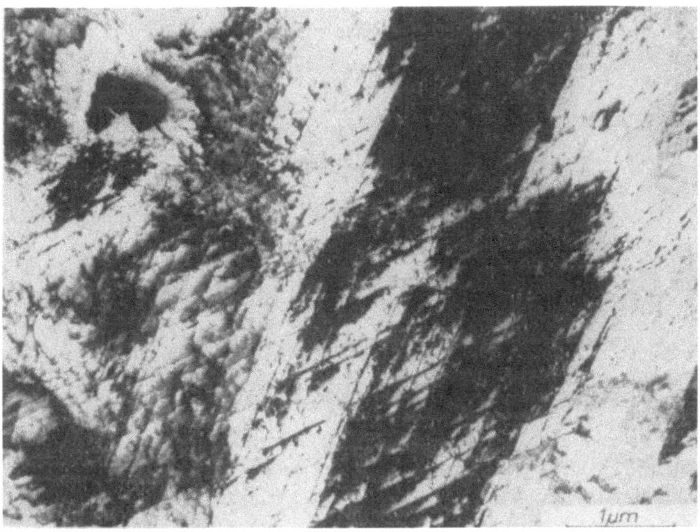

Abb. 2 Versetzungen, die in der (110)-Grenzflächenebene liegen, Präparation auf (110), Dicke 500 Å, Substrattemperatur 100 °C

Häufig wurde auch der Kontrasttyp gefunden, der in Abb. 3 gezeigt ist. Er war über weite Bereiche in Folien von einigen hundert bis zu tausend Angström Dicke erkennbar und trat auf bei Substratkristalltemperaturen zwischen 100 °C und 200 °C. Es handelt sich dabei um geradlinige Strukturen mit einer Dichte von etwa 8 bis 15 Linien pro µm, die bei Präparation auf {100}-Flächen (Abb. 3 a) in zwei zueinander senkrechten Scharen zu beobachten waren, während bei Präparation auf {111}-Flächen (Abb. 3 b) jeweils drei, sich unter einem Winkel von 60° schneidende Scharen solcher Linien erschienen. Jede Schar setzte sich in allen Fällen sowohl aus weißen als auch aus schwarzen Linien zusammen.

Allen diesen Linien ist gemeinsam, daß sie an keiner Stelle Oszillationseffekte zeigen, daß sie aus völlig geradlinig verlaufenden Elementen bestehen und sich teils mit, teils ohne Kontrastunterbrechung durchdringen; daß sich dort, wo sie frei enden, kein Kontrasthof um das freie Ende zeigt und daß sie bei Richtungsänderung scharf und unter definierten Winkeln abknicken, und zwar entweder unter 90° (bei {100}-Folien) oder unter 60° (bei {111}-Folien). Dieses Abknicken, das bei den auf {111}-Flächen gewachsenen Schichten häufiger zu beobachten ist, als auf den {100}-orientierten, kann bei hellen und auch bei dunklen Linien sowohl mit als auch ohne Kontrastumkehr erfolgen.

Abb. 3 Typische Beispiele der beobachteten Streifenstrukturen
a) Präparation auf (100), Dicke 600 Å, Substrattemperatur 110 °C
b) Präparation auf (111), Dicke 500 Å, Substrattemperatur 120 °C

Alle diese Merkmale deuten darauf hin, daß es sich bei den beobachteten Strukturen nicht um die Abbildungen von Versetzungen handeln kann. Selbst wenn man bei dickeren Folien von mehreren Extinktionslängen Dicke das Ausbleiben von Oszillationseffekten durch die Annahme erklären wollte, daß alle der möglicherweise vorhandenen Versetzungen kein zur Folienoberfläche geneigtes Element besitzen, sollten doch die übrigen der oben geschilderten Charakteristika ausreichen, diese Strukturen als Planardefekte erscheinen zu lassen.

Wegen der Abwesenheit von Zwillingsreflexen im Beugungsbild und wegen der Geradlinigkeit der Strukturen sollte es sich dabei um Stapelfehler handeln.

Die Bildung von Grenzflächenversetzungen

Aufbauend auf den bereits zitierten Arbeiten von MATTHEWS und JESSER und den Betrachtungen in Abschnitt 1 bietet sich folgende Deutungsmöglichkeit der beobachteten Strukturen an.

Wie die Auszählung von Ätzgruben an den von uns verwendeten Silbereinkristallkugeln ergab, besitzen die zur Präparation benutzten Substratkristalle eine durchschnittliche Versetzungsdichte von etwas über $10^7\,\text{cm}^{-2}$. Diese zur Silbersubstratoberfläche durchgestoßenen Versetzungen können im Innern des während der Goldbedampfung entstehenden Gold-Silber-Bikristalls nicht frei enden, sondern werden beim epitaktischen Wachstum der Goldschicht ebenfalls fortgesetzt, d. h. sie wachsen mit der Goldschicht und dringen somit in den durch die Fehlpassung bedingten Eigenspannungszustand des Grenzbereiches ein. Infolge der dort existierenden homogenen Verzerrung, die sich näherungsweise durch die Gleichungen des ebenen Verzerrungszustandes beschreiben läßt, muß notwendigerweise in allen kristallographischen Ebenen eine Schubspannung auf die in dieser Ebene liegenden Versetzungen wirken, deren Betrag von der Neigung dieser Fläche relativ zur Substratoberfläche abhängt. Nach der elementaren Elastizitätstheorie ergibt sich für diese Schubspannung, bezogen auf das vorliegende Gleitsystem (s. auch z. B. [10]):

$$\tau = \frac{2\mu_b\,(1+v)}{1-v}\,\varepsilon_{\text{hom}}\cos\varphi\,\cos\psi, \tag{1}$$

wobei φ der Winkel zwischen der Flächennormalen der Gleitebene und der Schichtoberfläche ist und ψ den Winkel zwischen Gleitrichtung und der in der Schichtebene liegenden Orthogonalen zur Schnittlinie von Gleitebene und Substratoberfläche angibt; μ_b ist der Schermodul der aufwachsenden Schicht, v die POISSONzahl und ε_{hom} die homogene, von der Fehlpassung herrührende Verzerrung. Abb. 4 a

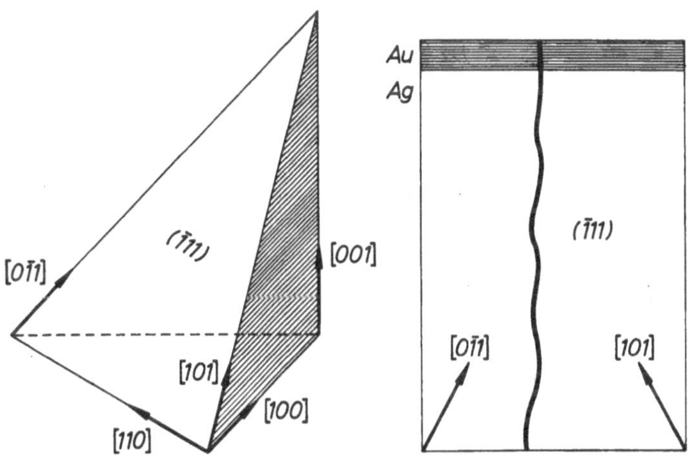

Abb. 4 a, b): Die Lage der ($\bar{1}$11)-Gleitebene relativ zur (001)-Folienebene

zeigt die Lage einer solchen Gleitebene relativ zur Substratoberfläche, während Abb. 4 b die Draufsicht auf eine solche Ebene darstellt, d. h. die Papierebene ist $(\bar{1}11)$. Die möglichen BURGERSvektoren einer solchen Versetzung (die Versetzungslinie ist in Abb. 4 b als dicke ausgezogene Linie gekennzeichnet) sind

$$\pm \frac{a}{2}[101], \pm \frac{a}{2}[0\bar{1}1] \text{ und } \pm \frac{a}{2}[110], \text{ (s. Abb. 4a).}$$

Es werde zunächst angenommen, die in Abb. 4 b angedeutete Versetzungslinie habe einen der ersten vier angegebenen BURGERSvektoren, wobei ohne Einschränkung der Allgemeinheit $\vec{b} = a/2\,[101]$ sei. Infolge der Schubspannungskomponente der in den ersten Atomlagen der Goldschicht bestehenden homogenen Verspannung [s. Gl. (1)] greift an dem in die Epitaxieschicht eingedrungenen Teil der Versetzung eine Kraft an. Die quantitative Erfassung der daraus resultierenden Versetzungsprozesse erfolgt durch Betrachtung des an der Versetzungslinie herrschenden Kräftegleichgewichts. Die von der Schubspannung pro Längeneinheit der Versetzungslinie ausgeübte Kraft ist nach der Beziehung von MOTT und NABARRO (siehe z. B. [24]) ihrem Betrage nach gleich dem Skalarprodukt aus Schubspannung und BURGERSvektor, so daß sich für den Betrag der wirksamen Kraft $\vec{F}$ der Ausdruck

$$\text{(2)} \qquad F = \tau b \frac{h}{\cos \varphi}$$

ergibt, wobei h die Dicke der aufgewachsenen Goldschicht bedeutet, so daß $h/\cos\varphi$ die Länge der in die Schicht eingedrungenen Versetzung ist. Nach elementaren Beziehungen der linearen Elastizitätstheorie statischer Versetzungen [25] folgt für die Richtung der Kraft F die Aussage, daß $\vec{F}$ unabhängig vom Charakter der Versetzung stets in der Gleitebene wirkt und dabei senkrecht zur Versetzungslinie gerichtet ist. Folglich wird sich durch die Wirkung dieser Kraft die Versetzung innerhalb der Schicht zunächst so verformen, wie es in Abb. 5—1 angedeutet ist, bis schließlich infolge der zunehmenden Ausbauchung ein in der Grenzflächenebene liegendes Versetzungselement A existiert, dessen Linienspannung im Gleichgewicht mit der an Teil B angreifenden Kraft ist (s. Abb. 5—2). Eine Vergrößerung der in der Schichtebene liegenden Versetzungslinienlänge ist also dadurch möglich, daß die auf Teil B wirkende, schichtdickenabhängige Kraft die Linienspannung des Teiles A überschreitet. Wenn dies der Fall ist, kann somit Linienlänge erzeugt werden, die zu Teil A gehört, d. h. die Versetzung gleitet dann in die Grenzflächenebene. Die Linienspannung $\vec{T}$ einer Versetzung setzt sich aus zwei Beiträgen zusammen, von denen der erste der Wirkung des Kernbereichs entspricht, während der zweite die Energie des um die Versetzungslinie aufgebauten elastischen Verzerrungsfeldes repräsentiert. Für den Beitrag des Kernbereiches hat SEEGER [26] die Abschätzung

$$\text{(3)} \qquad T_c = \frac{1}{10}\,\mu\, b^2 \text{ angegeben,}$$

während für den elastischen Anteil

(4) $$T_e = \frac{\mu b^2}{4\pi} C \ln \frac{R}{r_0} \text{ gilt [25].}$$

Dabei sind r_0 und R innerer und äußerer Abschneideradius und C eine Konstante, die entweder $(1 - \nu)^{-1}$ oder die Einheit ist, je nachdem, ob die vorliegende Versetzung reinen Stufen- oder reinen Schraubencharakter hat. Für μ wäre im vorliegenden Fall der Schermodul der Grenzschicht einzusetzen, der im folgenden durch den Schermodul des Deposits approximiert wird. Für Versetzungen beliebigen Typs ist die Näherung

(5) $$C = \frac{1 - \nu \cos^2\gamma}{1 - \nu} \text{ gebräuchlich,}$$

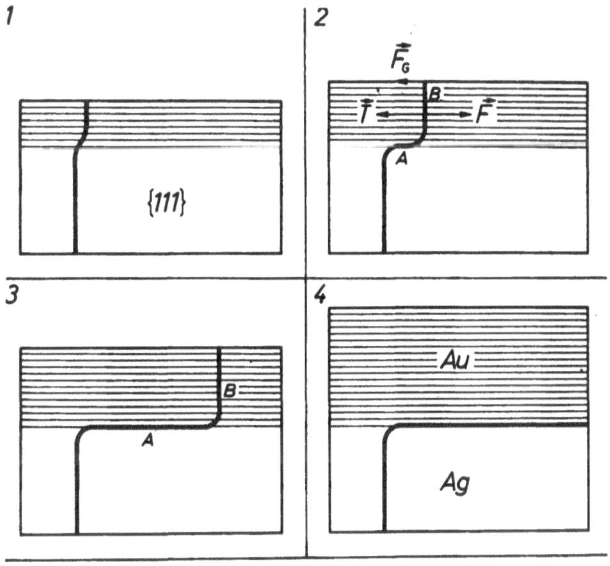

$$F = \tau b \frac{h}{\cos\varphi} \qquad F_G = \Gamma_{Au} b \sin\gamma$$

$$T = \mu b^2 \left[\frac{1}{10} + \frac{1-\nu \cos^2\gamma}{4\pi(1-\nu)} \ln \frac{R}{r_0}\right]$$

Abb. 5 Zur Entstehung von Grenzflächenversetzungen

wobei γ den Winkel zwischen Versetzungslinie und BURGERS-vektor angibt. Weiterhin ist zu berücksichtigen, daß von der durchlaufenden Versetzung an der Probenoberfläche ein Gleitschritt hervorgerufen wird. Die diesem Energiebeitrag entsprechende rücktreibende Kraft $\vec{F}_G$ auf die Versetzungslinie muß ihrem Betrage nach das Produkt aus Oberflächenspannung und Gleitstufenhöhe bzw. Stufenkomponente des Burgersvektors sein, da sich Energie pro Fläche auch als Kraft pro Länge auffassen läßt, d. h.

$$\text{(6)} \qquad F_G = \Gamma_{Au}\, b \sin\gamma$$

wobei Γ_{Au} die Oberflächenspannung des Goldes ist und γ die Bedeutung wie in Gl. (5) hat. Es ergibt sich somit aus (1), (2), (3), (4), (5) und (6) die Beziehung

$$\text{(7)} \qquad \varepsilon_{hom} = \varepsilon_{hom}(h) = \frac{\mu b \left(\frac{1-\nu}{10} + \frac{1-\nu\cos^2\gamma}{4\pi} \ln\frac{h}{b}\right) + \Gamma_{Au}(1-\nu)\sin\gamma}{2\mu_b(1+\nu)\cos\psi} \cdot \frac{1}{h}$$

wobei zur besseren Erfassung des elastischen Energieanteils der Linienspannung in Gl. (4) $R = h$ und $r_0 = b$ gesetzt wurde.

Die numerische Auswertung von Gl. (7) ergibt für $\varepsilon_{hom} = \varepsilon_{hom}(h)$ den in Abb. 6 durch Kurve I dargestellten Verlauf. Man erkennt, daß oberhalb von $h = h_c = 630$ Å die homogene Verzerrung kleiner als der Misfit des Systems Ag/Au ist, d. h., es werden von dieser kritischen Dicke an Versetzungen infolge der beschriebenen Gleitprozesse in die Grenzfläche eingebaut. Der erhaltene Wert von 630 Å für die kritische Dicke einer Goldschicht auf Silbersubstrat ist einige 100 Å höher als die bisher in der Literatur bekannten Werte (Jesser/Kuhlmann-Wilsdorf [27]: $h_c = 243$ Å, Matthews [28]: $h_c = 403$ Å). Die auf Abb. 6 dargestellte Kurve I läßt sich folgendermaßen interpretieren:

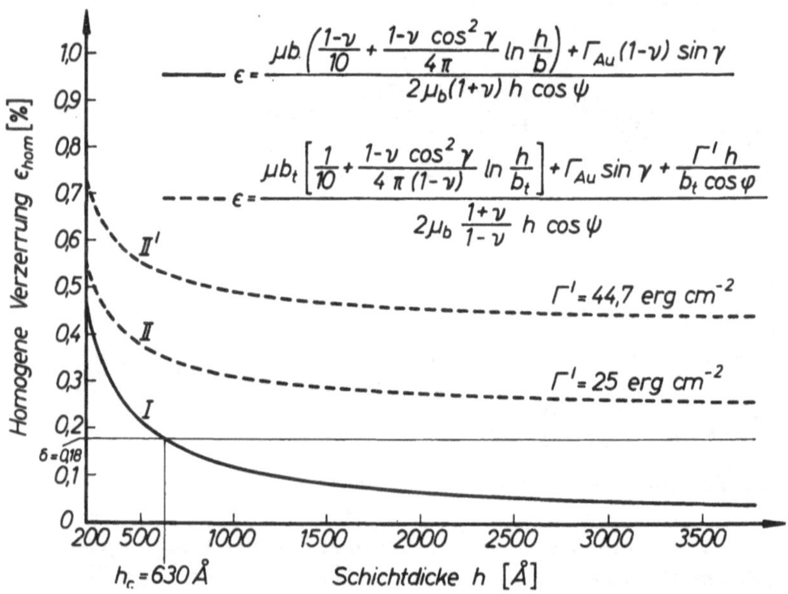

Abb. 6 Die Beziehung zwischen homogener elastischer Verzerrung und der Anpassung durch Gleitprozesse eingewachsener Versetzungen; Kurve I vollständige Versetzungen, Kurven II und II' Partialversetzungen

Die Kurve zeigt die Beziehung zwischen einer bestimmten, im Grenzschichtbereich existierenden homogenen Verzerrung ε_{hom} und derjenigen Schichtdicke h, die nötig ist, um bei dieser Verzerrung (infolge der damit verknüpften Schubspannung in den {111}-Ebenen) den oben beschriebenen Gleitprozeß auszulösen. Die größtmögliche Verzerrung, die im Grenzschichtbereich möglich ist, ist der Misfit δ. Die Kurve I zeigt nun, daß die Goldschicht, bei dieser Verzerrung (d. h. pseudomorph) wachsend, eine Dicke von 630 Å erreichen muß, bis ein solches Gleiten von Versetzungen in die Grenzflächenebene und damit eine Verminderung der homogenen Verzerrung auftreten kann. h_c ist also die untere Grenze der Schichtdicken, bei denen die beschriebenen Gleitprozesse ablaufen und eine Gitterangleichung ermöglichen. Für die dabei absinkenden homogenen Verzerrungen sind entsprechend größere Schichtdicken erforderlich, um weitere Versetzungen zu aktivieren, wie dem Verlauf der Kurve I zu entnehmen ist, so daß sich ein kontinuierlicher Abbau der Verzerrungen mit der Schichtdicke ergibt.

Die durchgeführten Burgersvektorbestimmungen zeigten, daß es sich bei den beobachteten Versetzungen tatsächlich um die bei den beschriebenen Gleitprozessen auftretenden Typen handelt.

Zur Veranschaulichung der gitterangleichenden Gleitvorgänge

Abb. 7 soll verdeutlichen, auf welche Weise die durch das Gleiten von bereits vorhandenen Versetzungen in die Grenzfläche entstandenen Grenzflächenversetzungen in der Lage sind, gitterangleichend zu wirken. Das Dreieck P_1 P_2 P_3, das rechts oben zusätzlich in der Draufsicht dargestellt ist, sei ein Teil einer $(\bar{1}11)$-

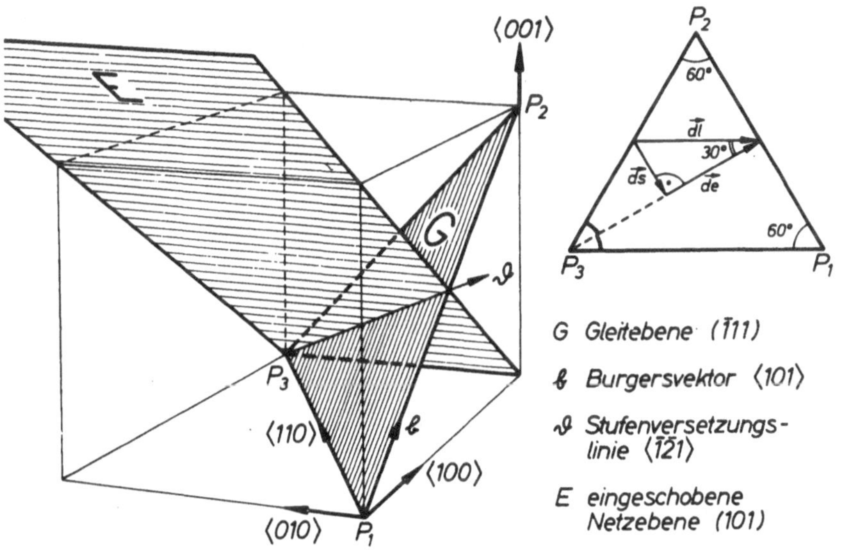

Abb. 7 Zum Anpassungsmechanismus durch Versetzungsreaktionen in der Grenzfläche

Gleitebene G, dessen obere Hälfte der homogen verzerrten Goldschicht angehört, während die untere Hälfte innerhalb des Silbersubstrats liegt. Der Vektor $\overline{dl}$ sei ein Linienelement einer Grenzflächenversetzung, die wieder den BURGERSvektor a/2 [101] haben möge. Folglich ist $\overline{dl}$ das Element einer Mischversetzung und kann dargestellt werden als Summe eines reinen Stufenversetzungselementes $\overline{de}$ und eines reinen Schraubenversetzungselementes $\overline{ds}$. In der räumlichen Darstellung ist die dem Element $\overline{de}$ entsprechende Stufenversetzungslinie durch den Vektor ϑ dargestellt, der die Richtung $[\bar{1}\bar{2}1]$ hat. Infolge der vorliegenden Konfiguration von BURGERSvektor, Gleitebene und Versetzungslinie ist die zur Stufenversetzung gehörende eingeschobene Halbebene die mit E gekennzeichnete (101)-Ebene. Dies liefert das interessante Ergebnis, daß eine Verlängerung der Grenzflächenversetzung gleichbedeutend mit der entsprechenden Vergrößerung der Fläche einer eingeschobenen (101)-Ebene ist, die sich der Versetzung zuordnen läßt, so daß die gitterangleichende Wirkung der Grenzflächenversetzungen anschaulich wird. Auch bei den anderen, oben angegebenen möglichen BURGERSvektoren bleibt diese Darstellung gültig, es ergeben sich lediglich in zwei Fällen entsprechend umgekehrte Gleitrichtungen. Eine Ausnahme bilden dabei nur die BURGERSvektoren $\pm$ a/2 [110], die zu keinem in der Grenzfläche liegenden Stufenversetzungselement führen können.

Zur Deutung der beobachteten Stapelfehler

Im Zusammenhang mit Grenzflächenerscheinungen wurden Stapelfehler bereits beobachtet beim Wachstum von β-Kobalt auf Nickel und auf Kupfer [7], [8], [14].

Die in Abb. 3 gezeigten Strukturen sollen zunächst unter der Annahme gedeutet werden, daß eine Aufspaltung der in die Depositschicht hineingewachsenen Substratversetzungen stattgefunden hat. Diese Aufspaltung führt zu einem Stapelfehler, der von den beiden dabei entstehenden Halbversetzungen aufgespannt wird. Mit einem solchen Prozeß muß in kubisch flächenzentrierten Kristallen ohnehin immer gerechnet werden, da die Versetzungsreaktion

$$\frac{a}{2}\,[101] = \frac{a}{6}\,[211] + \frac{a}{6}\,[1\bar{1}2]$$

eine positive Energiebilanz hat. (Es wird wieder das Beispiel einer auf $(\bar{1}11)$ liegenden Versetzung mit dem BURGERSvektor a/2 [101] benutzt; s. Abb. 8.) Da die Ebene des dabei zwischen beiden Teilversetzungslinien gebildeten Stapelfehlers mit der betrachteten Gleitebene zusammenfällt, sind die Teilversetzungen vom SHOCKLEYschen Typ. Die mit der Erzeugung des Stapelfehlers verbundene Erhöhung der Energie wirkt der abstoßenden Kraft zwischen den Halbversetzungen entgegen, so daß sich bei Abwesenheit äußerer Spannungen ein Gleichgewichtszustand einstellt, der für typische Werte der Stapelfehlerenergie von etwa 40 ergcm^{-2} in der Größenordnung von 10 Atomabständen liegt [29]. Wirkt nun auf diese, im Gleichgewichtsabstand befindlichen Teilversetzungen eine angelegte Schubspannung, dann gleiten sie bei Überschreiten der entsprechenden kritischen Schubspannung gleichsinnig als Einheit und führen das zwischen ihnen liegende Stapelfehlerelement mit sich. Dabei kann es aus verschiedenen Gründen zu einer Aufweitung des Stapelfehlers bzw. zum Ausgleiten von Teilversetzungen kommen. Da die BURGERSvektoren der Teilversetzungen, $\bar{b}_1$ und $\bar{b}_2$, nicht parallel sind, werden die Skalarprodukte von $\bar{b}_1$ bzw. $\bar{b}_2$ mit der wirksamen Schubspannung, die den Betrag der an der Versetzungslinie angreifenden Kraft angeben, verschieden ausfallen. Wenn daher die Differenz zwischen diesen beiden Kräften pro Längeneinheit größer als die Summe aus Stapelfehlerenergie und Linienspannung der

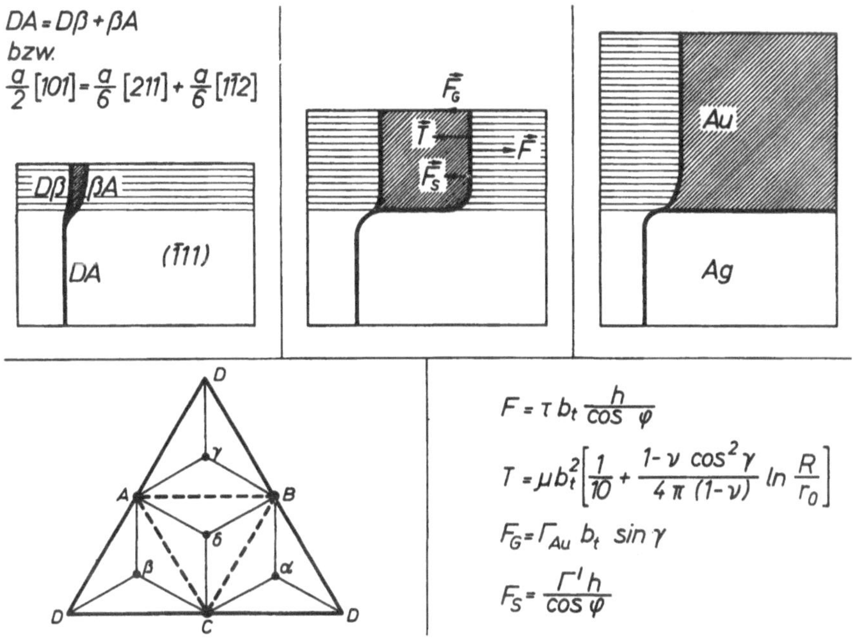

Abb. 8 Zur Aufspaltung von Versetzungen im Übergangsbereich

Teilversetzung ist, könnte ein Auseinanderlaufen der beiden Teilversetzungen erfolgen. Eine andere Möglichkeit für die Ausweitung des Stapelfehlers besteht darin, daß eine der beiden Halbversetzungen in ihrer Gleitung behindert wird und die auf die andere Versetzung wirkende Schubspannung ausreicht, um Linienspannung und Stapelfehlerenergie zu überwinden. Eine solche Behinderung könnte durch punktförmige Hindernisse (pinning points) möglich sein, sowie — infolge der hohen Versetzungsdichte — durch Wechselwirkung mit anderen Versetzungen, insbesondere mit solchen der jeweils orthogonalen Scharen.

Um die kritische Dicke h_c^* der epitaktisch aufgewachsenen Goldschicht zu bestimmen, oberhalb deren die auf eine Teilversetzung wirkende Schubspannung so groß ist, daß ein Gleiten dieser Teilversetzung in die Grenzflächenebene möglich wird — analog dem oben behandelten Gleiten vollständiger Versetzungen — wird das Gleichgewicht der Kräfte bestimmt, die an der Teilversetzungslinie angreifen (s. Abb. 8):

$$\overline{F} = \overline{T}_c + \overline{T}_e + \overline{F}_G + \overline{F}_s$$

Dabei ist $\overline{F}_s$ die von der Existenz des Stapelfehlers herrührende Kraft, die sich wegen der Äquivalenz von Energie pro Fläche und Kraft pro Länge ausdrücken läßt als

$$F_s = \frac{\Gamma' h}{\cos\varphi} \qquad (\Gamma' \text{ Stapelfehlerenergie}).$$

Man erhält nun, analog zu den Rechnungen mit vollständigen Versetzungen, die Beziehung (s. auch [14]):

$$\varepsilon_{\text{hom}} = \varepsilon_{\text{hom}}(h) = \frac{\mu b_t \left(\frac{1}{10} + \frac{1 - \nu\cos^2\gamma}{4\pi(1-\nu)} \ln \frac{h}{b_t}\right) + \Gamma_{Au} \sin\gamma + \frac{\Gamma' h}{b_t \cos\varphi}}{2\mu_b h \frac{1+\nu}{1-\nu} \cos\psi}$$

mit b_t als Burgersvektor der Partialversetzung. Für die Stapelfehlerenergie von Gold, Γ', findet man in der Literatur die beiden unterschiedlichen Werte $\Gamma' = 25$ erg cm^{-2} [30] und $\Gamma' = 44{,}7$ erg cm^{-2} [31].

Abb. 6 zeigt für diese beiden gegebenen Werte von Γ' die Beziehung zwischen der homogenen elastischen Verzerrung im Grenzbereich und den dadurch möglichen Gleitprozessen der Partialversetzungen. Die Gestalt der Kurven II und II' macht deutlich, daß innerhalb des hier verwendeten Modells für das System Gold/Silber eine Erzeugung von Stapelfehlern durch Gleitprozesse eingewachsener Substratversetzungen nicht erwartet werden sollte. Außerdem wird auf anschauliche Weise deutlich, daß Γ' ein wichtiger Parameter für solche Prozesse ist, und es könnte sein, daß beide für die Berechnung benutzten Werte von Γ' nicht genau genug sind, um eine Entscheidung darüber zu ermöglichen, ob das Ausgleiten von Partialversetzungen im oben erwähnten Sinne möglich ist oder nicht.

In den bereits zitierten Arbeiten [7], [8], [14] ist die Bildung von Stapelfehlern etwas begünstigt, weil die Stapelfehlerenergie des dabei benutzten Depositmaterials negativ ist, jedoch so gering (-5 ergcm^{-2}), daß sie in den Berechnungen vernachlässigt wurde (mit Ausnahme von [14]).

Im vorliegenden Fall entstehen die Stapelfehleranordnungen wahrscheinlich durch Gleitprozesse an der Depositoberfläche. Diese Vermutung wird durch die Tatsache nahegelegt, daß nahezu alle beobachteten Stapelfehler, auch in dickeren Folien mit Schichtdicken von einigen Extinktionslängen, keine Streifenkontraste zeigten. Somit haben die Stapelfehler nur eine geringe Breite und können sich nicht von der Probenoberfläche bis zur Unterseite der Schicht erstrecken.

Diskussion

Die Untersuchungen zeigen, daß im vorliegenden Fall die Anpassungsmechanismen von den bereits im Substratkristall vorhandenen Versetzungen ausgehen können und somit eine Spontanerzeugung von Anpassungsversetzungen unnötig wird. Die Schichtdicken von 500...800 Å, oberhalb deren im Experiment Grenzflächenversetzungen beobachtet wurden, sind in guter Übereinstimmung mit dem berechneten Wert von 630 Å.

Über das Verhältnis zwischen der durch Gleiten vollständiger Versetzungen und der durch Erzeugung von Stapelfehlern bewirkten Anpassung lassen sich theoretisch kaum exakte Angaben machen. Da die Stapelfehler auf unterschiedlich orientierten {111}-Ebenen liegen und die Natur des ersten Streifens im elektronenmikroskopischen Bild abhängt von dem zwischen der Elektronenstrahlrichtung und der Normalen zur Stapelfehlerebene aufgespannten Winkel, wird das in den Abbildungen 3 a und b beobachtbare gleichzeitige Auftreten von hellen und dunklen Streifen verständlich.

In {111}-orientierten Folien (s. Abb. 3 b) können prinzipiell dieselben Prozesse ablaufen, wie sie oben am Beispiel von {100}-orientierten Folien beschrieben wurden, da sich {111}-Ebenen unter einem Winkel von 70,5° schneiden und somit wiederum eine aus der homogenen Verzerrung der Folie resultierende Schubspannung in den zur {111}-Folienebene geneigten {111}-Ebenen existiert. Die in Abb. 3 b auftretenden Winkel erklären sich daraus, daß sich die Spuren der unterschiedlichen, zur {111}-Probenebene geneigten {111}-Ebenenscharen unter Winkeln von $\pi/3$ in der Grenzflächenebene schneiden.

Die gemessenen Dichten von Stapelfehlern bzw. Grenzflächenversetzungen, die auch den Abbildungen 2 und 3 entnommen werden können, betrugen im Mittel etwa 6 bis 10 Versetzungslinien einer Schar pro μ bzw. 8 bis 15 Stapelfehler einer Schar pro μ und stimmen — unter Berücksichtigung ihrer Anpassungseffektivität — gut überein mit den theoretischen Erwartungen. Zur vollständigen Anpassung, d. h. zum Abbau der homogenen elastischen Verzerrung bis auf null, wäre eine Grenzflächenversetzungsdichte von etwa 12 Versetzungslinien pro μ erforderlich. Hinsichtlich des benutzten Präparationsverfahrens sei noch hervorgehoben, daß es einerseits nicht die Nachteile der bisher üblicherweise verwendeten Bikristallpräparation besitzt, daß jedoch andererseits die transmissionselektronenmikroskopische Untersuchung an der abgelösten Aufdampfschicht, dem Goldfilm, erfolgte, also nicht an einem Sandwichsystem. Da aber der Wachstumsvorgang unter den Bedingungen eines kompakten Substratkristalls ablief und die gitterangleichenden plastischen Prozesse im Übergangsbereich zu einem relaxierten System führen, das sich nach Trennung der Partner nicht deformiert, sollten die beobachteten Erscheinungen als repräsentativ für die im kompakten Bikristallsystem ablaufenden Prozesse angesehen werden können.

4. Interfacestrukturen bei schwachen Wechselwirkungen im Fall des Systems MgO/Al

Die Untersuchung der Schichtwachstumsprozesse im Bikristallsystem MgO/Al [32], [33] erfolgte an einem Jeol-Höchstspannungselektronenmikroskop bei 1 MV

Beschleunigungsspannung. Damit war es möglich, die Vorteile der Sandwichdurchstrahlung auszunutzen.

Das MgO-Substratmaterial lag in Form von 99,9% reinen, etwa 1 cm³ großen Einkristallen vor, die zunächst mechanisch in $3 \times 3 \times 0{,}5\ \text{mm}^3$ dünne Blättchen mit {100}-Begrenzungsflächen gespalten wurden. Nach Trocknung der Substratkristalle in Methanol erfolgte im Hochvakuum von einer Wolframspirale aus die Aluminiumbedampfung, wobei sowohl Substrattemperatur als auch Aufdampfrate und Schichtdicke meßbar waren. Es wurden Depositschichten von 100 bis 1700 Å Dicke mit Aufdampfraten von 1...10 Å s^{-1} bei Substrattemperaturen zwischen 120 °C und 750 °C hergestellt.

Um geeignete Bedingungen für epitaktisches Wachstum zu finden, erfolgten zunächst Reflexionsbeugungsuntersuchungen durch 50 kV-Elektronen mit dem Ergebnis, daß die Substrattemperatur während der Bedampfung der entscheidendste Parameter für die Ausrichtung der Depositschicht ist. Die Punktreflexe im Beugungsdiagramm auf Abb. 9 zeigen bei Substrattemperaturen um 400 °C die beste Ausrichtung der Al-Schicht. Alle weiteren Versuche wurden daher im Temperaturbereich von 400 °C bis 500 °C durchgeführt.

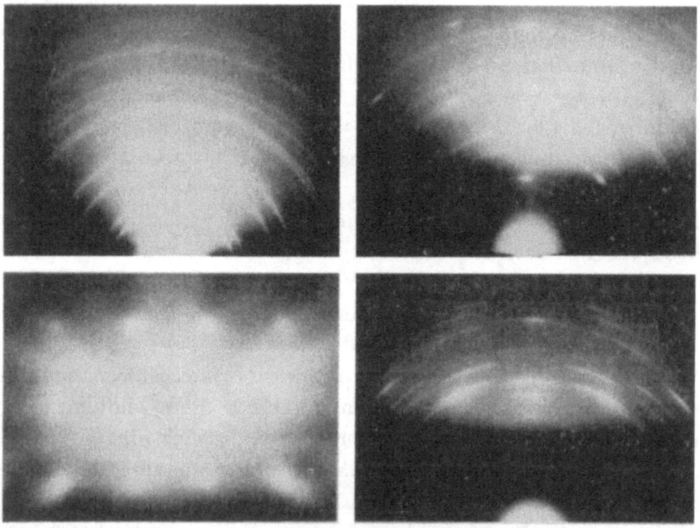

a) b) c) d)

Abb. 9 Beugungsbilder einer Al-Aufdampfschicht bei verschiedenen Substrattemperaturen
a) 100 °C, b) 320 °C, c) 400 °C, d) 750 °C

Die zur elektronenmikroskopischen Durchstrahlung notwendige Abdünnung der Proben auf einige µm erfolgte in einer speziell für Sandwichsysteme mit MgO-Substraten konstruierten Anordnung: Die Anlage erlaubt es, das Substrat einseitig und damit ohne Beeinflussung der Grenzfläche und des Deposits nachträglich abzudünnen. Als Ätzmittel wird 100 °C heiße Phosphorsäure verwendet. Es entstehen auf diese Weise perforierte, kreisrunde Proben von 3 mm Durchmesser. Vom Lochrand aus steigt die Dicke des Kristalls keilförmig nach außen hin an, so daß sich unmittelbar um den Lochdurchbruch ein durchstrahlbarer Rand von 10 μm Breite ergibt. Zum zusätzlichen Schutz der bedampften Probenseite wurde diese mit einer amorphen, etwa 200 Å starken Kohleschicht bedampft. Diese Schicht stört die durchzuführenden Untersuchungen nicht. Außerdem besitzt der Kohlefilm noch zwei weitere Eigenschaften, die zusätzliche Informationen aus der Durchstrahlung des Sandwichsystems liefern: Unmittelbar am Lochrand der Probe wird das MgO teilweise unter dem Film weggelöst und Teile des Depositmaterials, die im Kohlefilm haften bleiben, können zum Vergleich ohne Substratunterlage beobachtet werden. Sind andererseits die Schichten unter dem Kohlefilm vollständig abgelöst, so liefert er noch als Abdruckfilm erste Hinweise auf die Oberflächenstruktur des Deposits. Beispiele dazu sind auf Abb. 10 zu sehen.

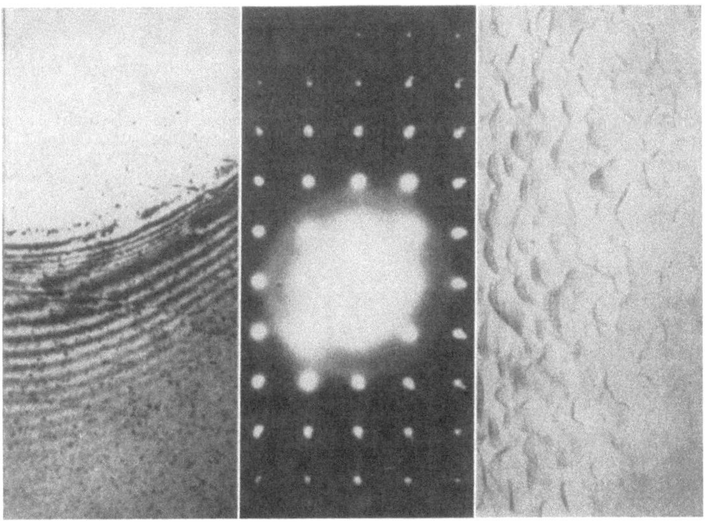

Abb. 10 Das Sandwichsystem MgO—Al
a) Hellfeld b) Feinbereichsbeugung c) Kohleabdruck

Diskussion der Ergebnisse der Transmissionsuntersuchungen

Zur Analyse des Wachstumsvorganges wurden Proben mit Schichtdicken von 70 bis 1700 Å untersucht. Typische Beispiele elektronenmikroskopischer Durchstrahlungsaufnahmen bei verschiedenen Depositschichtdicken zeigen die Abb. 11 a—d. Den Abbildungen kann man entnehmen, daß Aluminium — wie erwartet — in Form von zunächst voneinander getrennten Inseln auf MgO aufwächst. Der dreidimensionale Charakter der Al-Aufwachsungen ist im Kohle-Platin-Abdruckfilm auf Abb. 12 veranschaulicht. Mit zunehmender Schichtdicke ändert sich die Form der Aluminiuminseln in charakteristischer Weise: Während

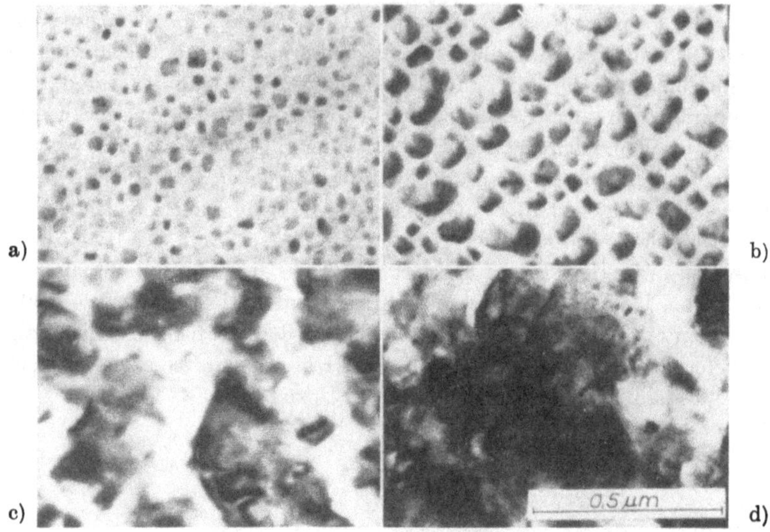

Abb. 11 Depositstruktur im Sandwichsystem MgO—Al bei verschiedenen Schichtdicken
a) 100 Å, b) 180 Å, c) 500 Å, d) 1750 Å

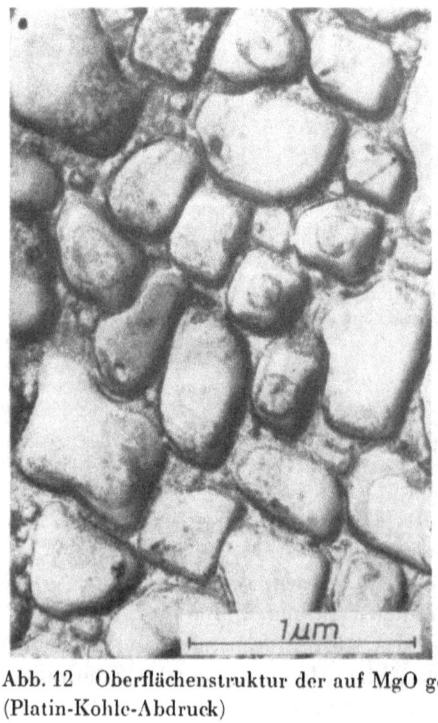

Abb. 12 Oberflächenstruktur der auf MgO gewachsenen Al-Schicht (Platin-Kohle-Abdruck)

im Anfangsstadium nahezu runde Keime in statistischer Verteilung vorherrschend sind (Abb. 11 a) beginnt bereits bei einer durchschnittlichen Schichtdicke von 200 Å die Ausrichtung der nun schon größeren Keime nach den ⟨110⟩ Richtungen des Substrats (Abb. 11 b). Der Prozeß der Ausrichtung und Vergrößerung der jetzt rechteckförmigen Depositinseln führt im weiteren Schichtwachstum zu Inseln von etwa 1 μm Ausdehnung.

Um ganz sicher eine mögliche Beeinflussung des Wachstumsvorganges durch zufällige Schwankungen der Bedampfungsbedingungen während der einzelnen Versuche auszuschließen, wurde durch Abschattung mittels Rasterblende ein Schichtdickengradient erzeugt. Abb. 13 a zeigt eine entsprechende Durchstrahlungsaufnahme, die qualitativ die oben beschriebene Veränderung der Keimform mit zunehmender Schichtdicke bestätigt. Eine Veranschaulichung des Oberflächenprofils ermöglicht die zugehörige Kohle-Platin-Abdruckaufnahme Abb. 13 b.

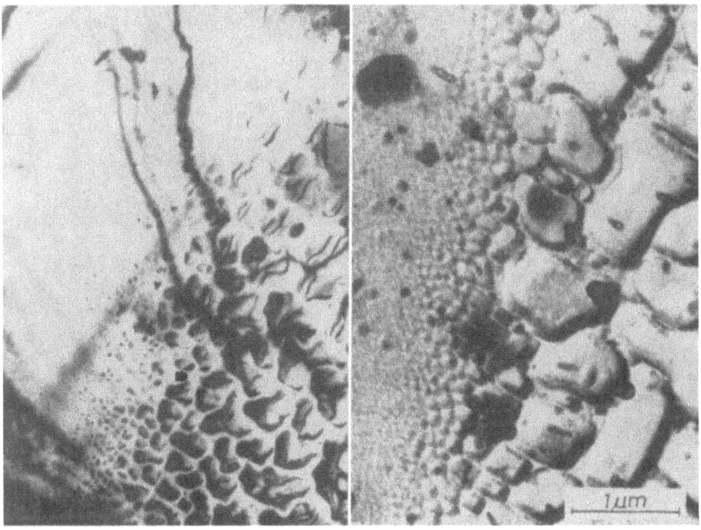

Abb.13 Depositdickengradient im Sandwichsystem MgO—Al
a) Hellfeld b) Platin-Kohle-Abdruck

Entsprechend der Zielstellung der Untersuchungen konnten die beschriebenen vier Abschnitte der epitaktischen Schichtentstehung in schwach wechselwirkenden Systemen zu einem Teil auch bei der Verwachsung von Aluminium und MgO unterschieden werden: Ein Beispiel zum Stadium der Keimbildung und des isolierten Wachstums der Keime zeigt Abb. 14 a. Bei einer Substrattemperatur von 450 °C wurde eine primäre Keimdichte von etwa $6 \cdot 10^{10}\,\mathrm{cm}^{-2}$ gefunden. Damit beträgt die minimale Diffusionsweite der Al-Atome auf der MgO-(100)-Fläche etwa 210 Å. Charakteristisch ist in diesem Stadium (≈ 100 Å Schichtdicke) die gegenseitige Verdrehung der Keime. Da die Verdrehung einer Aufwachsung in ihrem Moirébild um den Faktor $a_1/(a_1-a_2)$ verstärkt erscheint [34], beträgt die Desorientierung des Deposits auf Abb. 14 a im Mittel 1°. Sich gegenseitig noch nicht berührende Al-Keime sind zwar bezüglich der Substratunterlage kristallo-

Abb. 14 Ausrichtung des Deposits im Sandwichsystem MgO—Al
a) vor, b) nach Verschmelzung der Al-Keime

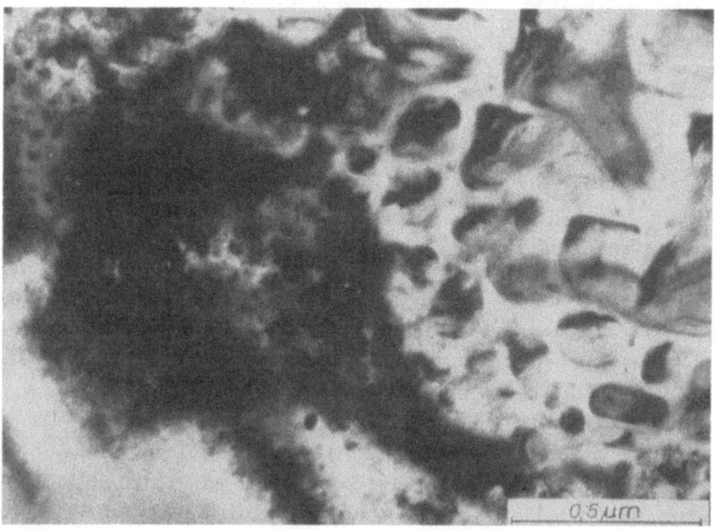

Abb. 15 Depositdickengradient im System MgO—Al

graphisch grob ausgerichtet — und das bestätigen auch entsprechende Beugungsaufnahmen — aber selbst die kleinsten beobachtbaren Keime mit Durchmessern von 30—50 Å zeigen eine leichte Fehlorientierung. Die photometrische Vermessung der Moirélinien in Abb. 15 ergab innerhalb der etwa 2%igen Fehlergrenze des Verfahrens eine völlige Verzerrungsfreiheit der Aufwachsungen unterschiedlichster Größe. Selbst im Anfangsstadium der Schichtentstehung ist somit im Bikristall Al/MgO kein pseudomorphes Wachstum nachweisbar, d. h. Aluminium wächst von Anfang an mit den für das kompakte Material typischen Gitterparametern auf.

Übereinstimmend mit Vorstellungen von BRÜCK [35] und WALTON [36] muß daher angenommen werden, daß der Epitaxieprozeß im Falle der Verwachsung Metall-Ionenkristall bereits mit der Bildung einzelner Elementarzellen beginnt: Kleine Aggregate von beispielsweise 3 bis 4 Atomen, die mit den ihnen eigenen Gleichgewichtsabständen zusammengewachsen sind und bereits stabile Keime bilden, lagern sich in den energetisch günstigen analogen Potentialmulden des Substratkristalls ab. Infolge der gewöhnlich vorhandenen Fehlpassung (im vorliegenden Fall 3,9%) befindet sich eine derartige, bereits nach dem Substrat ausgerichtete Anordnung der Depositatome im labilen Gleichgewicht bezüglich einer Rotation um kleine Winkel, und zwar um so weniger, je kleiner die Fehlpassung ist. Welche Lage ein Keim einnimmt, ist zufällig. Erst mit dem Verschmelzen mehrerer Keime während der LLC nehmen sie eine für alle günstige Lage ein, nämlich die vollständige Ausrichtung nach dem Substratgitter (siehe Abb. 14 b).

Bemerkenswert ist weiterhin die völlige Versetzungsfreiheit des Deposits bei geringen Schichtdicken. Versetzungen und Korngrenzen entstehen im Al-Aufdampf-

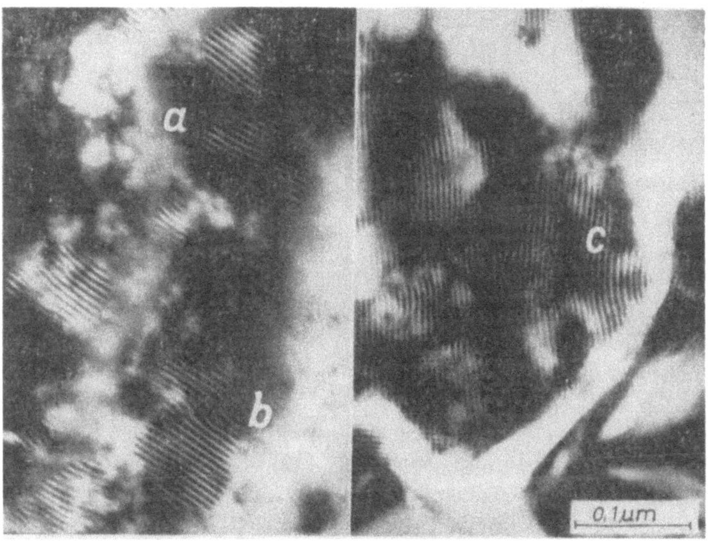

Abb. 16 Verschiedene Stadien der Al-Keimverschmelzung

film ebenfalls erst mit dem Zusammenlagern von gegenseitig fehlorientierten Keimen im Stadium der LLC. Die Abb. 16 zeigt an den mit a, b und c bezeichneten Stellen Beispiele von drei verschiedenen Stadien des Verschmelzens von Al-Keimen: An der Stelle a nähern sich zwei leicht fehlorientierte Inselkeime einander. Bei b kommt es zur Berührung und zur Ausbildung von Defekten an der Berührungsfläche. Der in c dargestellte Keim ist fast völlig in die Schicht integriert. Lediglich eine Reihe von Baufehlern deutet auf seine frühere Selbständigkeit hin.

Häufig beobachtete Defekte in einem nahezu geschlossenen Schichtbereich sind auf Abb. 17 abgebildet. Auf starke Diffusionsprozesse innerhalb der Al-Schicht weist die Beobachtung hin, daß der größte Teil der Baufehler bald nach seiner Entstehung wieder ausheilt.

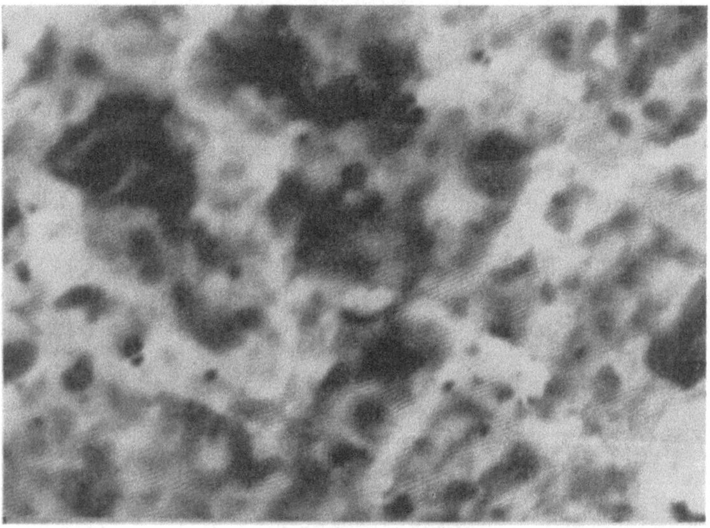

Abb. 17 Versetzungen, durch Moiré-Linien sichtbar gemacht

Besonderheiten des Systems Al-MgO

Das Wachstum von Aluminium auf MgO vollzieht sich bis zum Stadium der LLC I genau nach dem in Abschnitt 1 beschriebenen oberflächenspannungsgesteuerten Mechanismus, der typisch für schwach wechselwirkende Bikristallsysteme ist. Überschreitet die Schichtdicke jedoch etwa 300 Å, so erfolgt eine an Systemen der Kombination Metall/Ionenkristall bisher noch nicht beobachtete Änderung der Depositform: Anfangs kreisförmige oder leicht ovale Keime bilden Rechtecke, Quadrate oder daraus zusammengesetzte Gebilde, deren Kanten exakt in den ⟨110⟩ Richtungen des Substratkristalls liegen (vergl. Abb. 18).

Insbesondere erfolgt die Entstehung von Rechteckkeimen bei schräger Bedampfung und der damit verbundenen höheren Beweglichkeit der Adatome. Ein Hinweis auf „flüssigkeitsähnliche Verschmelzung" größerer Gebiete (LLC II) konnte bei den Rechteckkeimen ebenfalls nicht mehr gefunden werden. Ein derartiges Verhalten der Al-Depositschicht läßt sich auf folgende Weise deuten:

Kleinere Keime von einigen hundert Å Durchmesser sind infolge ihrer kleinen Grenzfläche nur mit geringer Kraft an das Substrat gebunden. Ihre Form wird allein durch ein Minimum an Oberflächenenergie bestimmt. (Die Oberflächenenergie der verschiedenen kristallographischen Flächen ist für Aluminium annähernd gleich groß [37], so daß Halbkugelkeime entstehen.) Mit zunehmender Inselgröße wächst auch die Grenzfläche, und das Substrat kommt verstärkt in die Lage, dem Deposit eine Rechteckform aufzuzwingen. Die Kanten der Rechtecke verlaufen selbst bei schräger Bedampfung aus unterschiedlichen Richtungen stets in ⟨110⟩ Richtung. Da in MgO die Hauptgleitebenen und damit Spaltstufen an der Oberfläche ebenfalls in ⟨110⟩ Richtungen liegen, muß angenommen werden, daß die Ausrichtung des Deposits in diesem fortgeschrittenen Stadium des Schichtwachstums weitgehend vom Profil der Substratoberfläche bestimmt wird. (Bei kleinen Keimen, die ebenfalls an Spaltstufen entstehen können, überwiegt noch die Oberflächenspannung als formbestimmende Größe.)

Abb. 18 Struktur einer 1700 Å dicken Al-Schicht auf MgO

Möglich ist auch das folgende Modell zur Erklärung der beobachteten Abweichung des Al-Schichtwachstums auf MgO vom typischen Mechanismus für schwach wechselwirkende Systeme:

Größere Schichtdicken sind mit längeren Zeiten verbunden, in denen das System auf Substrattemperaturen von einigen hundert °C gehalten wird. Hinzu kommt noch, daß die Substratoberfläche durch die kinetische Energie der auftreffenden Adatome noch weiter erhitzt wird. Dabei kann es in der Grenzschicht zu einer chemischen Reaktion des Aluminiums mit dem Sauerstoff des MgO, unterstützt durch eingebauten Restgassauerstoff, kommen, die zur Bildung einer Zwischenschicht aus Magnesium-Aluminium-Spinell führt. Mit der Bildung einer Spinellschicht würden sich aber die Verhältnisse im Bikristall grundlegend ändern. Insbesondere könnte nicht mehr von schwachen Grenzflächenwechselwirkungen gesprochen werden, da diese jetzt im Bereich der chemischen Bindung liegen. Verläuft die Reaktion — ähnlich wie bei Ätzprozessen — bevorzugt entlang bestimmter kristallographischer Richtungen im MgO, so kann es zu der beobachteten Ausrichtung der Depositinseln bzw. zur Rechteckbildung kommen. Dieses Modell kann jedoch zunächst nur eine Hypothese sein und mag zur weiteren Untersuchung des Systems Al-MgO anregen.

5. Zur Diskrepanz zwischen den RHEED- und LEED-Aussagen bezüglich des pseudomorphen Wachstums

Gradmann ([38], [39], [40]) verwendete bei der Untersuchung der Epitaxie von Silber auf Kupfer, von Kupfer auf Silber und von Nickel auf Kupfer ein ähnliches Präparationsverfahren wie das von Matthews und Jesser beschriebene. Er benutzte dabei nicht Steinsalz als Substratkristall für die erste Schicht, sondern Glimmer und untersuchte seine Proben durch Elektronenbeugung in streifender Reflexion (RHEED) und Auswertung der Kikuchi-Diagramme und Strichreflexe. Die dabei beobachtete Feinstruktur der Beugungsreflexe konnte er durch ein periodisches Netz von Versetzungen erklären. In dünnsten Schichten war auch eine gewisse Angleichung der Gitterkonstanten des aufgedampften Materials an die der Unterlage (Pseudomorphie) festzustellen.

Neben RHEED bietet sich als weitere Methode der Oberflächenstrukturanalyse auch die Beugung langsamer Elektronen (LEED) an. Eine ausführliche Zusammenstellung der mit LEED untersuchten epitaktischen Systeme findet man in [41], ein Überblick über die hinsichtlich der Grenzflächenproblematik mit LEED-Untersuchungen erhaltenen Ergebnisse ist in [42] enthalten. Danach fanden sich kaum Hinweise auf Pseudomorphie, d. h. — im Gegensatz zu den RHEED- Aussagen — wachsen dünne epitaktische Aufdampfschichten von wenigen Monolagen Dicke nach den Ergebnissen der LEED-Experimente offenbar schon von Anfang an mit ihren eigenen Gitterkonstanten auf. Dies würde bedeuten, daß das Substrat für die Depositschicht — sieht man von Orientierungsbeziehungen ab — nur als flacher Träger fungiert.

Diese Diskrepanz gegenüber den an theoretischen Modellen gewonnenen Vorstellungen und den Ergebnissen der RHEED-Untersuchungen sollte jedoch durch folgende Betrachtung verständlich erscheinen:

Pseudomorphes Wachstum müßte zwar prinzipiell mit Methoden der Oberflächenstrukturanalyse wie RHEED und LEED experimentell nachweisbar sein, jedoch ist bei derartigen Experimenten von vornherein zweifelhaft, ob die Grenzfläche allein die Eigenschaften von Schichten mit einer oder mehreren Monolagen Dicke bestimmt. Vielmehr ist bei diesen dünnsten Schichten zu erwarten, daß Oberflächen- und Keimbildungsphänomene die Schichteigenschaften entscheidend mitbestimmen. Daher ist die Grenzflächentheorie in ihrer heutigen Gestalt — das heißt hier insbesondere: ohne eine ausreichend gute Berücksichtigung der besonderen Eigenschaften der Kristalloberfläche — nicht ausreichend für die Beschreibung des Verhaltens dünnster Schichten. Es muß deshalb damit gerechnet werden, daß in diesen Dimensionen die von der Grenzflächentheorie vorausgesagten Phänomene, wenn überhaupt, dann nur in abgeschwächter Form in Erscheinung treten. Dies sollte insbesondere auch für die nach der Theorie (unter bestimmten Voraussetzungen) zu erwartende Pseudomorphie gelten, die daher möglicherweise ganz unterdrückt wird oder nur als partielle auftritt.

Eine solche partielle Pseudomorphie wurde bei den oben angeführten RHEED-Untersuchungen auch gefunden und kann aus den Ergebnissen der LEED-Untersuchungen wegen der 3—5%igen Ungenauigkeit dieser Methode nicht ausgeschlossen werden.

Am System Nickel/Kupfer konnte von Hague und Farnsworth [43] mit LEED keine Pseudomorphie, jedoch von Gradmann mittels RHEED Pseudomorphie gefunden werden. An diesem Beispiel wird die Unklarheit in der Sachlage besonders deutlich, denn Gradmann konnte zeigen, daß die von Hague und Farnsworth gefundenen Meßwerte — anders interpretiert — ebenfalls auf das Vorhandensein von Pseudomorphie hinweisen [44].

Bei den meisten LEED-Experimenten wurden nur wenige oder nur eine einzige Monolage der Depositsubstanz aufgedampft und untersucht. Eine mögliche Erklärung dafür, daß bei den LEED-Experimenten nur selten Pseudomorphie nachgewiesen werden konnte, könnte darin liegen, daß die auftreffenden ersten Fremdatome die Substratoberflächenatome nicht als kompaktes Material ansehen und der Zwang zwischen beiden Atomsorten noch gering ist. Erst mit dicker werdender Depositschicht gelangt die Grenzfläche ins Innere des Bikristalls, die Bindungsverhältnisse ändern sich und es baut sich — gewissermaßen nachträglich — eine Pseudomorphie-Schicht auf, die dann mit den tiefer eindringenden Elektronen durch RHEED nachgewiesen wird.

Eine Entscheidung über derartige Fragen setzt jedoch ein sehr genaues Meßverfahren für die Gitterparameter voraus.

Zusammenfassend läßt sich also die betrachtete Pseudomorphie-Diskrepanz möglicherweise wie folgt deuten:

Oberflächeneffekte überlagern die Grenzflächeneffekte; die Oberfläche muß erst den Grenzbereich verlassen (dies geschieht während des Schichtwachstums), dann gelangt die Grenzfläche in Kristallbereiche, wo Volumen- (also: „bulk"-) Eigenschaften wirksam werden und wo dann tatsächlich die von der Theorie vorausgesetzten Bedingungen erfüllt sind.

Literatur

[1] F. C. Frank, J. H. van der Merwe: Proc. Roy. Soc., **A 198**, 205 (1949).
[2] F. C. Frank, J. H. van der Merwe: Proc. Roy. Soc., **A 198**, 216 (1949).
[3] J. H. van der Merwe: Surface Sci. **31**, 198 (1972).
[4] J. Woltersdorf; in: Strukturen kristalliner Phasengrenzen, Hrsg. H. G. Schneider und J. Woltersdorf, Deutscher Verlag für Grundstoffindustrie, Leipzig 1977, 26.
[5] J. S. Vermaak, J. H. van der Merwe: Phil. Mag. **10**, 785 (1964).
[6] J. S. Vermaak, J. H. van der Merwe: Phil. Mag. **12**, 453 (1965).
[7] W. A. Jesser, J. W. Matthews: Phil. Mag. **17**, 461 (1968).
[8] W. A. Jesser, J. W. Matthews: Acta Met. **16**, 1307 (1968).
[9] J. W. Matthews: Phil. Mag. **13**, 1207–1221 (1966).
[10] W. A. Jesser, J. W. Matthews: Phil. Mag. **15**, 1097–1106 (1967).
[11] W. A. Jesser, J. W. Matthews: Phil. Mag. **17**, 595–602 (1968).
[12] W. A. Jesser, J. W. Matthews: Phil. Mag. **17**, 475–479 (1968).
[13] J. W. Matthews, J. L. Crawford: Thin Solid Films, **5**, 187–198 (1970).
[14] J. W. Matthews: Thin Solid Films, **5**, 369–378 (1970).
[15] J. W. Matthews: Surface Sci., **31**, 241–256 (1972).
[16] J. Woltersdorf: Thin Solid Films **32**, 277 (1976).
[17] J. Woltersdorf: phys. stat. sol. (a) **34**, 183 (1976).
[18] M. Klaua: Diss., Halle, 1969.
[19] H. Bethge, M. Klaua: Ann. Physik, 7. Folge, **17**, 1207 (1966).
[20] R. Kaischew, E. Budewski, J. Malinowski: Comptes Rendus de l'Acad. Bulg. d. Sci. **2**, 29–32 (1949).
[21] R. Kaischew, E. Budewski, J. Malinowski: Bull. de l'Acad. Bulg. d. Sci., Serie Physique **1**, 86–99 (1950).
[22] R. Kaischew, B. Mutaftschiew, D. Nenow: Z. phys. Chem. **205**, 341–348 (1956).
[23] R. Kaischew, E. Budewski, J. Malinowski: Z. Phys. Chem. **204**, 348–356 (1955).
[24] A. H. Cottrell: Dislocations and Plastic Flow in Crystals, Oxford, Clarendon Press 1958.
[25] A. Seeger: Theorie der Gitterfehlstellen, Hdb. Physik, Bd. VII/1, Springer-Verlag, Berlin 1955.
[26] A. Seeger: Rep. Conf. Solids; Phys. Soc. London 1954, 391.
[27] W. A. Jesser, D. Kuhlmann-Wilsdorf: phys. stat. sol., **19**, 95–105 (1967).
[28] J. W. Mattews in: Epitaxie-Endotaxie, ed. H. G. Schneider, Leipzig 1969, 135–151.
[29] G. E. R. Schulze: Metallphysik, Akademie-Verlag, Berlin 1967.
[30] G. Czjzek, A. Seeger, S. Mader: phys. stat. sol., **2**, 558–565 (1962).
[31] P. Humble et al.: Phil. Mag. **15**, 281–296 (1967).
[32] H. Bethge, E. Pippel, J. Woltersdorf: phys. stat. sol. (a) **37**, 457 (1976).
[33] E. Pippel; in: Strukturen kristalliner Phasengrenzen, Hrsg. H. G. Schneider und J. Woltersdorf, Deutscher Verlag für Grundstoffindustrie, Leipzig 1977, 58.
[34] P. B. Hirsch, A. Howie, R. B. Nicholson, D. W. Pashley, M. J. Whelan: Electron-Microscopy of Thin Crystals, London 1965.
[35] L. Brück: Ann. Physik **26**, 233 (1936).
[36] D. Walton: Phil. Mag. **7**, 1671 (1962).
[37] A. Seeger; in: Handbuch der Physik, Bd. VII, Springer-Verlag 1958.
[38] U. Gradmann: Ann. Physik, 7. Folge, **13**, 213–216 (1964).

[39] U. GRADMANN: Phys. kondens. Materie, **3**, 91–98 (1964).
[40] U. GRADMANN: Ann. Physik, 7. Folge, **17**, 91–106 (1966).
[41] E. GRÜNBAUM: List of Epitaxial Systems, in: Epitaxial Growth, Part B, ed. J. W. MATTHEWS, Academic Press, New York, San Francisco, London, 1975, 611–673.
[42] F. JONA, J. A. STROZIER Jr.: Low Energy Diffraction and Auger-Electron Spectroscopy, in: Epitaxial Growth, Part A, ed. J. W. MATTHEWS, Academic Press, New York, San Francisco, London, 1975, 309–329.
[43] C. A. HAGUE, H. E. FARNSWORTH: Surface Sci. **4**, 195 (1966).
[44] U. GRADMANN: Surface Sci. **13**, 498 (1969).

Gernot Zies

Elektronenmikroskopische Untersuchungen an Phasengrenzen in den gerichtet erstarrten eutektischen Legierungen AlNi-Cr und Al-Al_3Ni

Für die Untersuchung von Phasengrenzen in gerichtet erstarrten eutektischen Legierungen gibt es mehrere Beweggründe. Einerseits sind diese Legierungen als anisotrope natürliche Verbundwerkstoffe von Interesse, wobei sich der Einfluß der Phasengrenzen auf die Eigenschaften mit zunehmendem Dispersionsgrad immer stärker bemerkbar macht. Andererseits eignen sich die regelmäßigen Duplexgefüge der Eutektika als Modelle kompakter Kristallverwachsungen für das Studium der Epitaxie in heterogenen Festkörpern.

Auf die Erkenntnisse, die über Phasengrenzen anderer kristalliner Verwachsungen wie Substrat/dünne Schicht, Sandwichschicht und Matrix/Ausscheidung gewonnen wurden, kann aufgebaut werden, sofern die für jede Verwachsungsart charakteristischen Besonderheiten berücksichtigt werden. Während die Phasengrenze in einem Schicht-Substratsystem durch die Oberfläche des Substrats von vornherein festgelegt ist, bildet sie im Fall kompakter Kristallverwachsungen ihre Lage und Gestalt erst bei der Phasenumwandlung im festen bzw. vom flüssigen in den festen Zustand heraus. Dadurch kann zum Beispiel eine flexiblere und häufig auch energetisch günstigere Gitteranpassung erreicht werden, indem die Grenzfläche stufenförmig über Bereiche minimaler Fehlpassung verläuft.

Die meisten Arbeiten über die eutektischen Verbundwerkstoffe sind der eutektischen Kristallisation, den Eigenschaften und Anwendungen gewidmet. Auch die Realstruktur wurde an verschiedenen eutektischen Systemen untersucht. Im Hinblick auf die Frage nach den Strukturen und Mechanismen, welche die hier miteinander verwachsenen Kristalle ineinander überführen, standen noch folgende Untersuchungen aus:

- Eine eingehende Analyse der Interface-Strukturen im Zusammenhang mit den Aussagen der Grenzflächentheorie dünner Schichten und den an Ausscheidungen gewonnenen Erkenntnissen
- Untersuchungen der Gitterkoinzidenzen an den Grenzflächen und Berechnung der Atomanordnung der Phasengrenzbereiche
- Eine direkte Beobachtung des Verhaltens von Anpassungsstrukturen bei hohen Temperaturen

In der vorliegenden Arbeit wird über die Ergebnisse solcher Untersuchungen am

Beispiel der Eutektika AlNi—Cr und Al—Al_3Ni berichtet, aus denen eine allgemeine Verfahrensweise zur Bearbeitung der Strukturproblematik von Phasengrenzen in Heterokristallen ersichtlich ist. Der doppelten Bedeutung der Eutektika entsprechend, wird ihre elektronenmikroskopische Charakterisierung als natürliche Verbundwerkstoffe in einem ersten Abschnitt vorangestellt.

1. Das gerichtet erstarrte Eutektikum als Verbundwerkstoff

Abb. 1 zeigt das Prinzip der gerichteten Erstarrung sowie die Entstehung der Phasengrenzen. Eine homogene Schmelze der Zusammensetzung C_E der Komponente A und B wird in einem geeigneten Tiegel in Richtung eines vertikalen Temperaturgefälles (Temperaturgradient G) bewegt. Das geschieht mit einer definierten Ziehgeschwindigkeit R. Die Schmelze erstarrt an der ortsfesten Isotherme T_S ge-

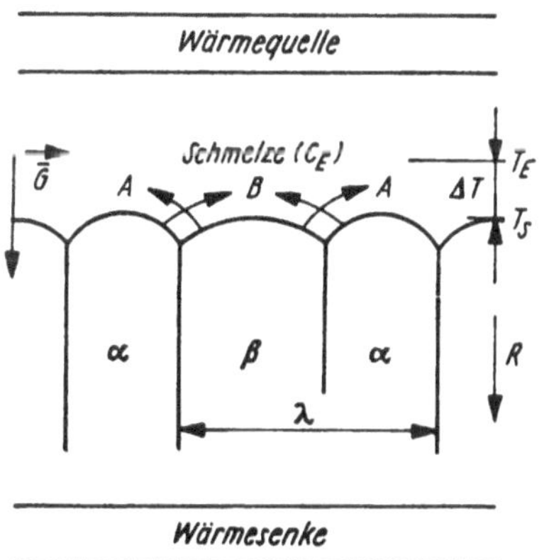

Abb. 1 Schematische Darstellung der eutektischen Kristallisation im gerichteten Temperaturfeld (axialer Temperaturgradient G)

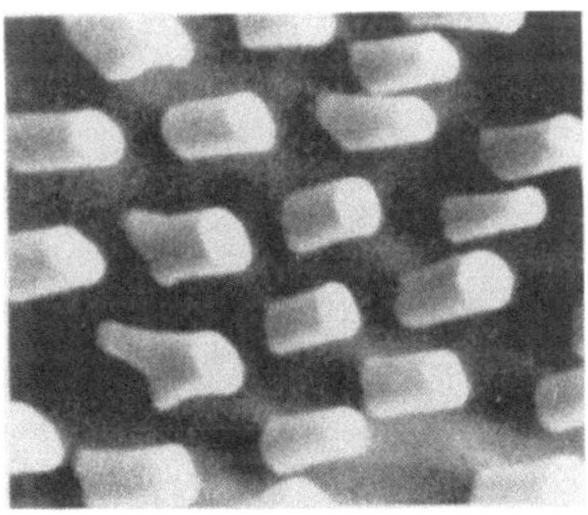

Abb. 2 Gerichtet erstarrtes Al—Ni-Eutektikum. Die Al_3Ni-Stäbe wurden elektrolytisch freigelegt

ringfügig unterhalb der eutektischen Temperatur T_E. Der Erstarrung geht eine ständige Entmischung der Schmelze voraus, so daß zwei Phasen α und β entstehen, die sich normalerweise in Richtung des Wärmeflusses alternierend als Lamellen oder als Stäbe innerhalb einer Matrix anordnen. Das Al—Ni-Eutektikum in Abb. 2 ist ein Beispiel für ein solches Duplexgefüge. Aus der tiefgeätzten Aluminium-Matrix treten Stäbe der intermetallischen Phase Al_3Ni hervor.

Für technische Anwendungen unterscheidet man zwischen Summen- und Produkteigenschaften, je nachdem ob die additive oder die Wechselwirkung der kombinierten Phaseneigenschaften genutzt wird. Durch sinnvolle Kombination unterschiedlicher Phasen lassen sich Werkstoffeigenschaften verbessern, wie zum Beispiel die Hochtemperaturfestigkeit von Turbinenschaufeln, die mechanische Festigkeit elektrischer Leiter, die Verschleißfestigkeit von Bremsbelägen. Weiterhin können viele p-n-Übergänge auf engem Raum konzentriert und regelmäßige Gefüge für optische Werkstoffe (Strichgitter) erzeugt werden. Beispiele für Produkteigenschaften oder synergetische Effekte sind thermoelektrische, piezoelektrische Effekte sowie eine Magnetfeldabhängigkeit des elektrischen Widerstandes.

Die relativ geringe Phasengröße (µm) und die Bindungsverhältnisse an den Grenzflächen lassen Wechselwirkungen mit Versetzungen zu, wodurch die eutektischen Verbundwerkstoffe bezüglich ihrer mechanischen Eigenschaften zwischen den künstlichen Kompositen und den ausscheidungs- bzw. dispersionsgehärteten Legierungen stehen. Abb. 3 zeigt Versetzungsstränge in der Aluminium-Matrix des Al—Al_3Ni-Eutektikums, die für den zugverformten Zustand typisch sind. Die Folienebene liegt hier senkrecht zur Richtung der dunkel erscheinenden Al_3Ni-Stäbe. Die Stränge verlaufen von einem Stab zum anderen und stehen in Wechselwirkung mit den Grenzflächenversetzungen, welche die Stäbe umgeben. Die Versetzungsdichte wird mit derjenigen in Kleinwinkelkorngrenzen vergleichbar. Die damit verbundene Verkippung der von den Strängen umfaßten Matrixbereiche hebt sich im elektronenmikroskopischen Orientierungskontrast ab. Die Stäbe selbst erweisen

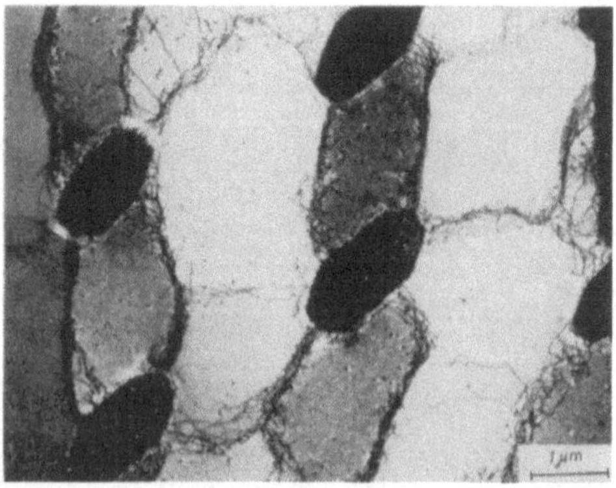

Abb. 3 Versetzungsfeldstruktur in der Al-Matrix des Al—Ni-Eutektikums in Ebenen senkrecht zur Al_3Ni-Stabachse

sich als spröde, nahezu versetzungsfreie Einkristalle. Wie aus Abb. 4 hervorgeht, ist die Versetzungsverteilung längs der Stäbe im Mittel gleichmäßig, bleibt also von den bei Zugbelastung auftretenden maximalen Schubspannungen an den Stabenden nahezu unbeeinflußt.

Nach Wechselbeanspruchung sind im Al—Al_3Ni-Eutektikum neben Versetzungssträngen auch spiralen- bzw. schraubenförmige Versetzungsanordnungen sichtbar (Abb. 5). Sie entstehen entweder durch Emission der Versetzungen aus der Phasengrenze oder durch den Orowan-Mechanismus. Im letzteren Falle durchlaufen gleitfähige Versetzungen die Matrix, wobei die Versetzungsbögen von den Stäben zurückgehalten werden. Wegen der relativ weiten Abstände der Stäbe in diesem System tragen die Versetzungen kaum zur Festigkeitserhöhung bei. Lassen sich die Abstände durch hohe Erstarrungsgeschwindigkeiten jedoch auf die Größenordnung von $^1/_{10}$ µm verringern, kann dieser Mechanismus einen wesentlichen Teil der Verformungsverfestigung ausmachen.

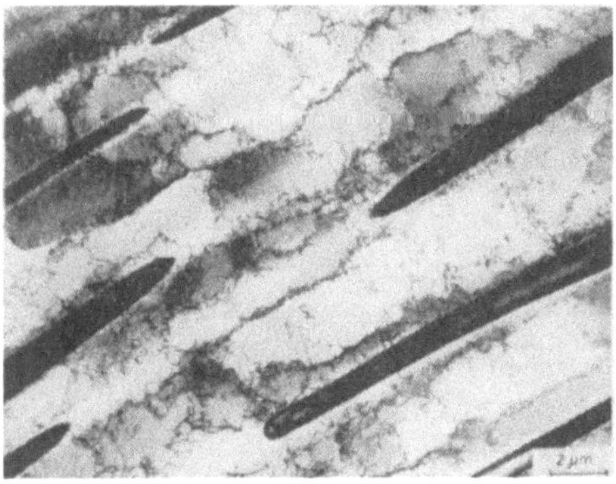

Abb. 4 Versetzungsverteilung in der Al-Matrix des Al—Ni-Eutektikums in faserparallelen Ebenen

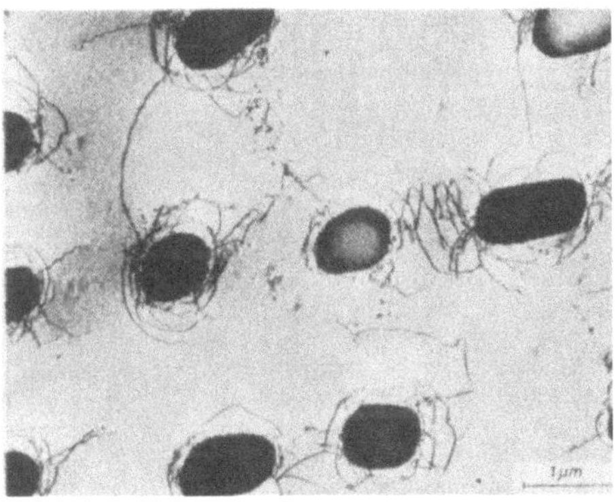

Abb. 5 Versetzungsspiralen nach Wechselbeanspruchung

2. *Phasengrenzen in den gerichtet erstarrten Eutektika Al—Al_3Ni und AlNi—Cr*

2.1. Al—Al_3Ni:

Die orthorhombischen Al_3Ni-Stäbe werden häufig von kristallographisch indizierbaren Ebenen begrenzt, wie es in Abb. 6 ersichtlich ist. Die größte Habitusebene ist {331} ↕ Al/(001) ↕ Al_3Ni. Nur hier wurden Anpassungsversetzungen aufgefunden, wie Abb. 7 zeigt. Der Al_3Ni-Whisker liegt hier schräg in der Folie, so daß in dem mittleren versetzungsfreien Bereich nur Al_3Ni durchstrahlt wird, während die dunklen Bereiche hoher Versetzungsdichte die projizierten Abbildungen der zur Folienebene geneigten Phasengrenzen sind. Die Anpassungsversetzungen verlaufen hier etwa in Stab-, d. h. Erstarrungsrichtung, die zugleich ⟨110⟩-Richtung der Aluminiummatrix ist. Die Versetzungsabstände im Bereich 100 bis 200 Å sind größer als die Werte, die sich aus der Fehlpassung berechnen lassen. Da die Versetzungsabstände der Bildweite der Versetzungen nahekommen, wurde hier

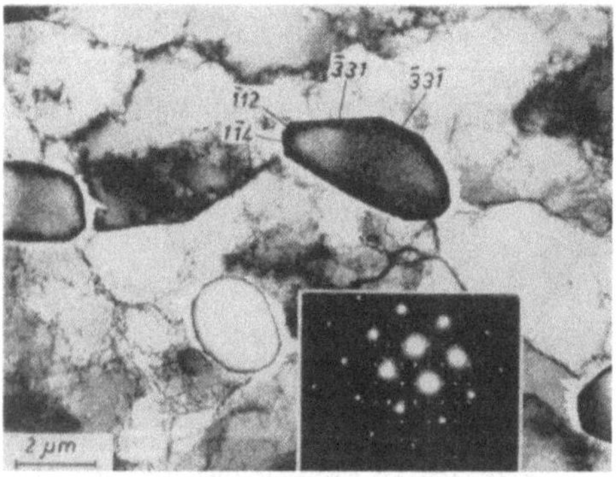

Abb. 6 Facettenflächen der Al_3Ni-Stäbe

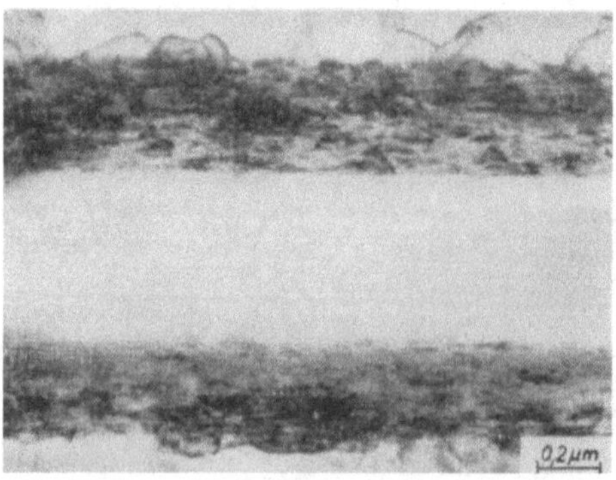

Abb. 7 Anpassungsversetzungen an Phasengrenzen Al/Al_3Ni, die zum Elektronenstrahl geneigt sind

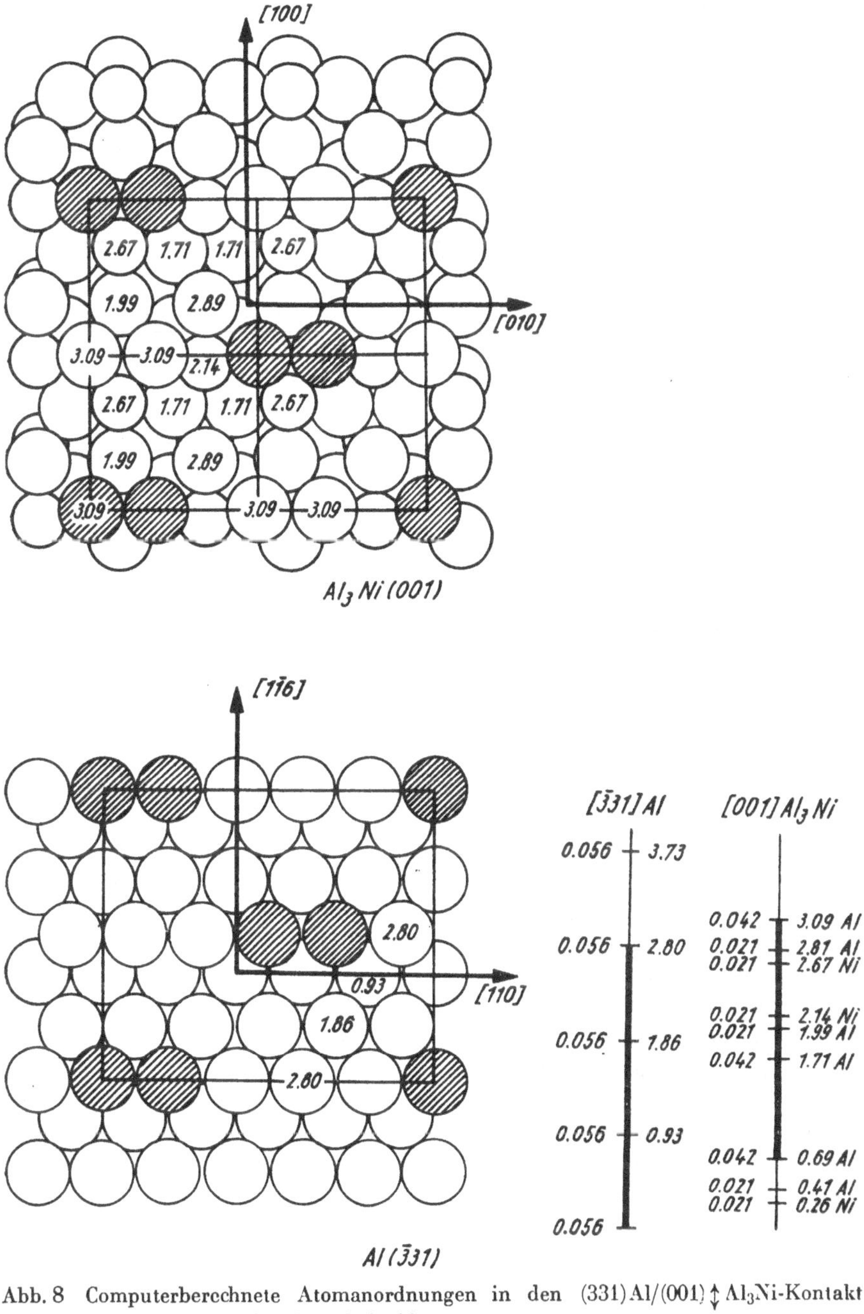

Abb. 8 Computerberechnete Atomanordnungen in den (331)Al/(001)↕Al_3Ni-Kontaktschichten zur Ermittlung der Gitterkoinzidenz

von einer genauen quantitativen Auswertung abgesehen. Dagegen zeigt ein Vergleich zwischen den Abständen der beobachteten (100 Å) und berechneten ⟨111⟩-Moiréstreifen (66 Å), daß etwa $^1/_3$ der Gitterfehlpassung elastisch abgebaut wird.

Die konventionelle Elektronenmikroskopie erweist sich also für eine Ermittlung der Interface-Strukturen in diesem System auf Grund der relativ hohen Fehlpassungen als zu grob.

Deshalb wurden für alle beobachteten Kristallbegrenzungen die idealen, d. h. die von der Wechselwirkung zwischen den Verwachsungspartnern unbeeinflußten Atomanordnungen beider Gitter mit Hilfe geeigneter Computerprogramme berechnet und gezeichnet.

Das oben genannte {331} Al/ ↕ (001) Al_3Ni-Ebenenpaar sei in der Abb. 8 als Beispiel angeführt. Im oberen Teilbild ist die Atomanordnung auf der Al_3Ni-Seite, links unten diejenige auf der Al-Seite der Grenzfläche dargestellt.

Eine geeignete Zeitenroutine sorgte dafür, daß die von den darüberliegenden Atomen verdeckten Linien eliminiert werden, so daß ein räumlicher Eindruck der Atomanordnungen entsteht. Quantitativ wird die dritte Dimension, also die Stapelfolge der Netzebenen senkrecht zur Grenzfläche erst im rechten Teilbild erfaßt, wobei die Spuren der grenzflächenparallelen Netzebenen in dem rechts angegebenen Höhenmaßstab eingezeichnet sind. Die linken Zahlenangaben sind jeweils die Besetzungsdichten der Netzebenen in $Å^{-1}$. Die aufeinanderpassenden Atome sind schraffiert gezeichnet.

Die Auswertung ergab, daß an den meisten der beobachteten Habitusflächen der Al_3Ni-Stäbe eine für den semikohärenten Zustand unzureichende Gitterkoinzidenz besteht, so daß also Anpassungsversetzungen gar nicht zu erwarten sind. Eine Ausnahme bildet die Grenzfläche der Abb. 8, an der, wie erwähnt, Anpassungsversetzungen beobachtet wurden.

2.2. AlNi—Cr-Eutektikum

Im System AlNi—Cr ist die Fehlpassung zwischen dem krz AlNi-Matrixgitter und dem krz-Gitter der eingewachsenen Chromstäbe um mehr als eine Größenordnung geringer als im vorhergehenden Fall. Beide Gitter sind mit den Würfelkantenrichtungen parallel zueinander orientiert. Wegen der Isotropie der Fehlpassung in diesen Richtungen sind die Querschnitte der Stäbe kreisförmig, wie es aus Abb. 9 hervorgeht. Bei Einstrahlung senkrecht zu den Stäben lassen sich regelmäßige Anordnungen von Anpassungsversetzungen abbilden, die sich deutlich von der nahezu kontrastlosen Matrix abheben (rechtes Teilbild von Abb. 9). Unter bestimmten Kontrastbedingungen erscheinen zwei orthogonale Scharen von ihnen, und zwar in axialer Richtung sowie die Chromstäbe ringförmig umgebend, wie es in Abb. 10 deutlich wird. Die Anpassungsversetzungen verlaufen wie die Schnittlinien der drei orthogonalen Würfelebenen mit den Chromzylindern. Die Kontrastanalyse ergab reine Stufenversetzungen mit Burgersvektoren vom Typ ⟨100⟩. Die Abb. 11 demonstriert ihre gittergeometrische Anordnung. Zur besseren Übersicht wurden nur die Versetzungsringe simuliert und der Durchmesser des betrach-

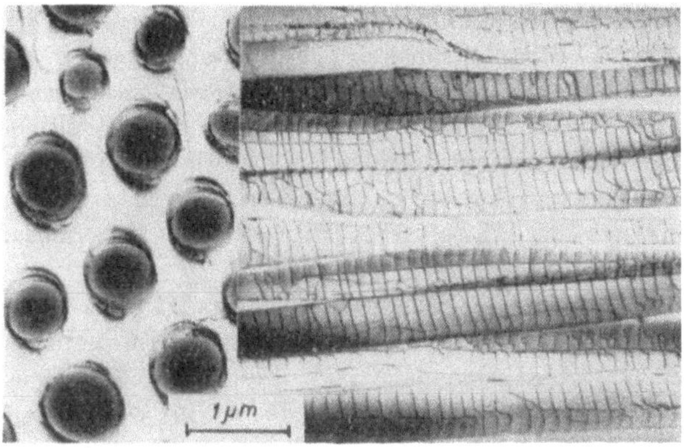

Abb. 9 Elektronenmikroskopische Durchstrahlung des AlNi—Cr-Eutektikums (Folienebene senkrecht und parallel zur Achse der Cr-Stäbe)

teten Chromstabes stark reduziert. Es ist hervorzuheben, daß die Versetzungen nicht durch den Einbau von zusätzlichen Netzebenen entstehen, sondern daß die von den Versetzungen berandeten Netzebenen bereits im Verbund existieren. Bei ihrer simultanen gerichteten Erstarrung nehmen beide Phasen jeweils ihre spezifischen Gitterparameter an. Dadurch wird an der Phasengrenzfläche die Kompatibilität der benachbarten Gitter gestört. Bei der Verwachsung wird diese Störung infolge der Wechselwirkung der Atome, gemäß den Voraussagen von VAN DER MERWE auf relativ schmale Gitterbereiche konzentriert (plastische Relaxation). Aus

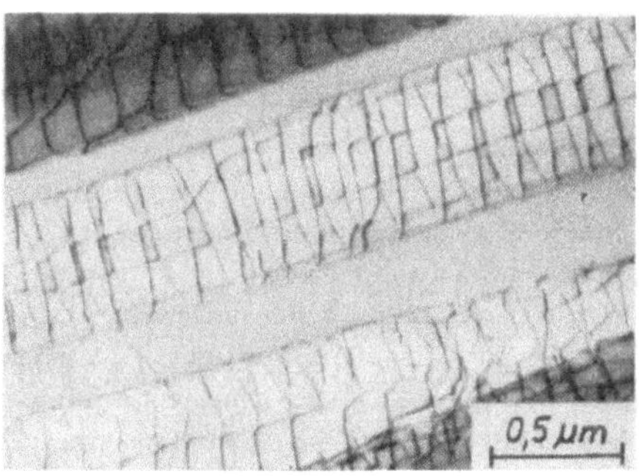

Abb. 10

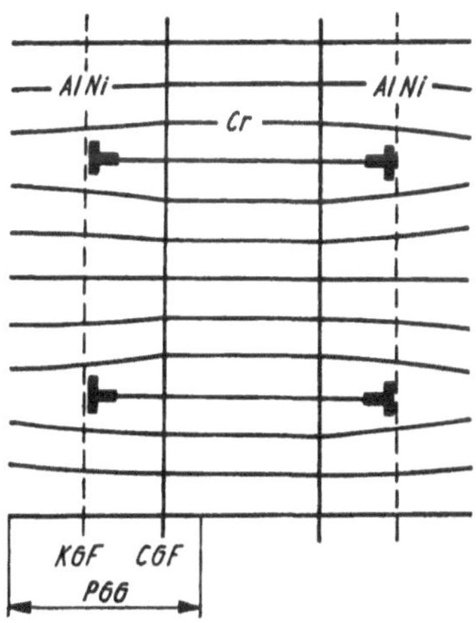

Abb. 11

Abb. 10 Vollständiges Netzwerk von Anpassungsversetzungen im AlNi—Cr-Eutektikum
Abb. 11 Schematische Darstellung der Scharen von Anpassungsversetzungen und ihrer Burgersvektoren

der Sicht des AlNi-Gitters erscheinen also zusätzliche Netzebenen (extrinsische Versetzungsringe). Die Versetzungen selbst befinden sich beobachtungsgemäß in der duktileren Phase (Matrix) des Verbundes, sind also spezielle Matrixversetzungen[1]. Ihre Gleitebenen bilden die kristalline Grenzfläche (KGF), die in diesem Fall von der chemischen Grenzfläche[2] (CGF) zu unterscheiden ist, da sich die Gitterparameter von Cr noch über CGF hinaus fortsetzen. „PGG" in Abb. 11 deutet die Halbwertsdicke des Übergangsgebietes (Phasengrenze) an, in dem die Gitterangleichung vor sich geht.

Aus den Versetzungsabständen wurde eine Fehlpassung δ_d von 0,19% ermittelt. Der Wert der Fehlpassung δ, der sich aus den idealen Gitterparametern für Raumtemperatur berechnen läßt, beträgt dagegen nur 0,06%. Die Anzahl der Anpassungsversetzungen ist also größer bzw. ihr Abstand ist kleiner, als es die abzubauende Raumtemperaturfehlpassung erfordert. Der Überschuß, also der Differenzbetrag von $\delta_h = \delta - \delta_d$, muß von homogenen Gitterdeformationen kompensiert werden, die in diesem Fall negativ sind. Dieser elastische Deformationszustand des Eutektikums entsteht bei Abkühlung auf Raumtemperatur nach der Erstarrung infolge der unterschiedlichen thermischen Ausdehnungen der Kontaktsubstanzen, nachdem sich die beobachtete Anordnung der Anpassungsversetzungen bei höheren Temperaturen herausgebildet hat. Tatsächlich sind die thermischen Spannungen kleiner als die Fließspannung des Materials und können daher weder durch Umordnung noch durch Neubildung von Versetzungen relaxieren.

Durch Hochdrucktemperaturexperimente konnte gezeigt werden, daß die Versetzungen sowohl während der Wärmebehandlung der Folien im Elektronenmikroskop (20 bis 700 °C) als auch nach dem Abschrecken kompakten Materials (von 800 °C und 900 °C) unverändert ihre Anordnung und Lage beibehalten. Die Änderung der Gitterkonstanten bzw. der Fehlpassung mit der Temperatur wirkt sich also vollständig auf den elastischen Spannungszustand des Verbundes aus. Dieser läßt sich aus der Temperaturabhängigkeit der Fehlpassung als Funktion der Temperatur berechnen.

Bei Annäherung an die Schmelztemperatur nähert sich die Fehlpassung in diesem System dem Wert von δ_d, so daß die thermischen Spannungen auch dort für

1 Diese grenzflächennahen Matrixversetzungen können jedoch nicht mit reinen Matrixversetzungen gleichgesetzt werden, da die Nähe der Grenzfläche die Eigenschaften von Versetzungen modifiziert (z. B. Deformation ihrer Spannungsfelder).

2 Als chemische Grenzfläche sollte entweder die Kontaktfläche der unterschiedlichen Atome der beiden Verwachsungspartner oder — im Falle kontinuierlicher Übergänge durch Interdiffusion bzw. Legieren der Kontaktsubstanzen — die Netzebene mit der mittleren chemischen Zusammensetzung bezeichnet werden. Sie wird hier von der Mantelfläche der Chromstäbe gebildet und ist im Strukturfaktorkontrast i. a. deutlich erkennbar. Die kristalline Grenzfläche dagegen befindet sich dort, wo die unterschiedlichen geometrischen Parameter der sich berührenden Phasen aufeinanderstoßen. Wie im Text ausgeführt wird, sind hier die so definierten Arten von Grenzflächen in ihrer Lage nicht identisch.

eine Umordnung oder Neubildung von Anpassungsversetzungen nicht ausreichen ($\delta_h \approx 0$). Neben dem Temperaturverhalten von Anpassungsversetzungen weisen auch die folgenden Beobachtungen auf ein sukzessives, relativ zwangloses Einwachsen der Versetzungen während der eutektischen Kristallisation hin.

- Die Versetzungsringe sind regelmäßig und äquidistant angeordnet.
- Die ideale Anpassungsstruktur nach Abb. 11 ist realisiert, d. h. die Burgersvektoren liegen in der Grenzfläche parallel zur Fehlpassung der drei Würfelkantenrichtungen und ergeben für die Versetzungen minimale Linienenergien.

Werden die Versetzungen dagegen im festen Zustand gebildet, ist nicht der minimale Energiezustand, sondern der geringste Energieaufwand für ihre Anordnung entscheidend. In diesem Fall kann die ideale Anpassungsstruktur minimaler Energie selten realisiert werden. Besonders die an Ausscheidungen beobachteten Versetzungsstrukturen weichen von dieser in folgenden wesentlichen Punkten ab:

1. Die Anpassungsversetzungen haben Mischcharakter, d. h. die „zusätzliche" Halbebene ist nicht senkrecht zur Richtung von δ. Ihre Normale (Stufenkomponente des Burgersvektors b_e) bildet mit der Richtung von δ einen Winkel φ.

2. b_e liegt nicht in der Grenzfläche, sondern ist zu dieser um den Winkel ϑ geneigt, so daß nur die grenzflächenparallele Komponente $b_p = b_e \cos \vartheta$ von b_e zur Gitterangleichung wirksam ist (zur Grenzfläche geneigte Halbebenen). Trifft außerdem Punkt 1 zu, so gilt $b_p = b_e \cdot \cos \varphi \cos \vartheta$.

3. Der Burgersvektor ergibt keine minimale Linienenergie.

4. Für den Versetzungsabstand gilt $p > b_p/\delta$, d. h. die Anzahl der Versetzungen ist nicht ausreichend, um die Fehlpassung vollständig abzubauen, so daß homogene elastische Gitterverzerrungen den restlichen Teil von δ aufnehmen müssen.

Bei der Kristallisation aus der Schmelze sind jedoch die Bildungsenergien der Versetzungen wesentlich geringer als im festen Zustand. Sie werden durch eine geringe Unterschreitung der eutektischen Erstarrungstemperatur zugeführt, wodurch sich die Schmelzenthalpie geringfügig erhöht. Da an der Erstarrungsfront noch keine elastischen Verzerrungen existieren können (spannungsfreier Zustand), entsteht zwanglos eine der Fehlpassung bei Erstarrungstemperatur ($\approx \delta_d$) äquivalente Anzahl von Anpassungsversetzungen minimaler Energie.

2.3. Der fehlpassungsabhängige Anteil der Grenzflächenenergie

Die Zerlegung der Fehlpassung in einen konstanten plastischen und in einen variablen elastischen Anteil muß auch bei der Berechnung des fehlpassungsabhängigen Beitrages zur Grenzflächenenergie berücksichtigt werden, der sich demzufolge aus der Energie γ_d der Anpassungsversetzungen und der Energie γ_h der homogenen Gitterdeformationen je Grenzflächeneinheit zusammensetzt; γ_d wurde nach mehreren Gleichungen für Versetzungsnetzwerke berechnet, γ_h dagegen durch einfache kontinuumsmechanische Betrachtungen an einem einzelnen Chromstab. Als beste Näherung für γ_d erscheint aus mathematischer Sicht diejenige von Hirth und Lothe mit einem Wert von 81 ergcm^{-2}. In relativ guter Übereinstimmung hierzu läßt sich γ_d auch mit der auf VAN DER MERWE zurückgehenden Grenzflächentheorie berechnen, was der Vergleich mit dem entsprechenden Wert von 64 ergcm^{-2} zeigt.

Nach analogen Rechnungen liegt der Wert des fehlpassungsabhängigen Energieanteils der {331} ↕ Al/(001) ↕ Al_3Ni-Grenzfläche von Al—Al_3Ni im Bereich von 150—200 ergcm^{-2}. Wie im Fall dünner Schichten oder Ausscheidungen in einer Matrix hat aber die Theorie von VAN DER MERWE — von ihren stark einschränkenden Voraussetzungen abgesehen — auch hier ihre Grenzen, sobald kritische Parameter bestimmt werden sollen, die den Übergang vom kohärenten in den semikohärenten Zustand der Phasengrenzen kennzeichnen. Die Anpassungsversetzungen werden als gegeben vorausgesetzt, ihre Entstehungsprozesse, d. h. plastische Prozesse in der Phasengrenze werden nicht berücksichtigt. So leitet die Theorie z. B. lediglich eine kritische Fehlpassung ab, oberhalb derer die Existenz von Anpassungsversetzungen energetisch günstiger ist als der rein elastische Verzerrungszustand. Ihre Erzeugung oder Umordnung erfordert jedoch zusätzliche Energie, die im festen Zustand nicht immer aufgebracht werden kann, wie es sich am Beispiel des AlNi—Cr-Eutektikums gezeigt hat.

Durch die eutektische Erstarrung kann sich jedoch die von VAN DER MERWE mathematisch simulierte ideale Anpassungsstruktur wegen der zu vernachlässigenden Bildungsenergie einstellen. Im thermisch unverspannten Zustand kommen die Eutektika also der theoretischen Situation schon ziemlich nahe.

Zur experimentellen Überprüfung müßte die Fehlpassung durch geeignete Dotierung der Schmelze so lange variiert werden, bis keine Anpassungsversetzungen mehr auftreten [Beispiel NiAl—Cr(Mo)]. Die kritische Fehlpassung ist damit ermittelt und kann mit der theoretischen verglichen werden. Allerdings sollten diese Betrachtungen nicht auf den erstarrenden Schmelzbereich ausgedehnt werden, da dort die Versetzungen zwar gebildet werden, die Definition von kritischen Parametern oder elastischen Gitterdeformationen jedoch physikalisch wenig sinnvoll ist.

2.4. Untersuchungsablauf für die Strukturproblematik von Phasengrenzen

Die Verfahrensweise bei der Untersuchung von Phasengrenzen sowie die interessierenden Fragen sind im folgenden zusammengestellt:

1. Ermittlung der makroskopischen Gestalt und kristallographischen Orientierung der Phasen und Grenzflächen.
2. Die Frage nach der Art und Anordnung der Grenzflächendefekte.
3. Aussagen über die Größe und den Abbau der Fehlpassung zwischen den benachbarten Kristallgittern.
4. Abschätzungen des fehlpassungsabhängigen Anteils der Grenzflächenenergie.
5. Darstellung der idealen, d. h. von der Wechselwirkung zwischen den Verwachsungspartnern unbeeinflußten Atomanordnungen in grenzflächenparallelen Netzebenen zur Angabe der Gitterkoinzidenz.
6. Die Frage nach dem Entstehungsmechanismus der Grenzflächendefekte.

7. Aussagen über das thermische Verhalten der Grenzflächendefekte sowie über den thermischen Spannungszustand im Verbund.

8. Vergleiche mit den Aussagen der Grenzflächentheorie (VAN DER MERWE-Modell).

3. Zusammenfassung — verallgemeinerte Aussagen

- Kristallstruktur und Gitterkoinzidenz der zu kombinierenden Phasen bestimmen den Kohärenzgrad eutektischer Phasengrenzen.
  - Haben beide Phasen gleiche Kristallstruktur, wobei die eine geordnet sein kann (z. B. AlNi—Cr), dann kristallisieren sie in der gleichen kristallographischen Richtung. Die Fehlpassung ist stets definierbar, die Phasengrenze meistens semikohärent.
  - Ist die Kristallstruktur beider Phasen unterschiedlich (z. B. Al—Al_3Ni), existieren keine oder nur sehr wenige ausgezeichnete Ebenen, die eine für den teilkohärenten Zustand ausreichende Gitterkoinzidenz mit definierbarer Fehlpassung aufweisen.
- Die Fehlpassung an teilkohärenten Grenzflächen stabförmiger Eutektika wird anteilmäßig von lokalen, etwa periodischen Atomverschiebungsfeldern und von homogenen, elastischen Gitterdeformationen abgebaut, wobei die Anteile temperaturabhängig sind und auch gegeneinander wirken können (AlNi—Cr).
- Die lokalen Verschiebungsfelder konzentrierter Fehlpassung (Anpassungsversetzungen) sind elektronenmikroskopisch beobachtbar, sofern sich die erforderlichen Kontrastbedingungen erfüllen lassen.
- Im Gegensatz zu den Beobachtungen an Ausscheidungen entspricht die Realstruktur eutektischer Phasengrenzen hinsichtlich ihrer Geometrie häufig der idealen Anpassungsstruktur (Gleichgewichtsstruktur) der Theorie. Hinsichtlich des Versetzungsabstandes weicht sie jedoch auch hier von letzterer in temperaturabhängigem Maße ab, da sie der Änderung der Fehlpassung mit der Temperatur nicht zwanglos nachgeben kann. Phänomenologisch äußert sich dies in thermischen Spannungen.
  - Die Bestimmung der kritischen Fehlpassung für eine Umordnung oder Neubildung von Anpassungsversetzungen ist gegenwärtig hier nur experimentell oder unter Beachtung von hinreichenden Kriterien für den Kohärenzverlust möglich, da die Theorie Entstehungsprozesse von Anpassungsversetzungen und die dafür erforderlichen Bildungsenergien nicht berücksichtigt. Entsprechendes trifft demnach für alle kristallinen Verwachsungen zu.
  - Die Gleichungen der auf VAN DER MERWE zurückgehenden Grenzflächentheorie zur Berechnung des fehlpassungsabhängigen Anteils der Grenzflächenenergie können als brauchbare Näherungen angesehen werden.
  - Die Aussage, daß Anpassungsversetzungen (oder andere relaxierte Atomkonfigurationen) während der gerichteten Erstarrung gebildet werden, erscheint nicht nur thermodynamisch sinnvoll, sondern auch von Beobach-

tungen gestützt. Die an Ausscheidungen oder dünnen epitaktischen Aufwachsungsschichten beobachteten oder denkbaren Entstehungsmechanismen von Anpassungsversetzungen (z. B. Adsorption von Matrixversetzungen) sind demnach für eutektische Heterokristalle weniger relevant.
Umordnungen oder Neubildungen von Versetzungen im Prozeß der Abkühlung auf Raumtemperatur sind jedoch generell nicht auszuschließen.

Literatur

Hirth, J. P., J. Lothe, Theory of Dislocations, New York 1972.

van der Merwe, J. H., zit. in: G. Zies, Krist. Techn. **10** (1975) 201, **11** (1976) 431.

Zies, G., W. Neumann, Krist. Techn. **12** (1977) 135.

Zies, G., S. Völlmar, Krist. Techn. **12** (1977) 401.

Klaus Meinel und Manfred Klaua

Auger-spektroskopische Untersuchungen der Diffusion von Silber in dünnen Gold-Aufdampfschichten

1. Einleitung

Mit der Verbreitung und Entwicklung der verschiedenen Dünnschichttechnologien wächst das Interesse an der Diffusion in dünnen Schichten, denn Diffusionsprozesse verändern bei relativ geringen Temperaturen und kurzen Zeiten deren Eigenschaften beträchtlich.

Hierbei muß davon ausgegangen werden, daß die Diffusionsphänomene in dünnen Schichten ihre Besonderheiten haben und spezielle Untersuchungen erfordern, d. h. Diffusionskenngrößen, die aus den üblichen Volumen-Diffusionsuntersuchungen an kompakten Proben bei vergleichsweise hohen Temperaturen ermittelt wurden, darf man nicht ohne weiteres extrapolieren. In dünnen Schichten können bei niedrigen Temperaturen andere Transportmechanismen, wie etwa Korngrenzen- oder Versetzungsdiffusion, an Bedeutung gewinnen, die besondere Struktur der Schicht, Oberflächen- und Grenzschichteffekte können die Diffusion beeinflussen.

Zur Untersuchung dieser Problematik, bei der Konzentrationsmessungen der diffundierenden Spezies mit hoher räumlicher Auflösung in wenigstens einer Dimension notwendig werden, sind mit den modernen Oberflächenanalysetechniken AES, SIMS, IBS usw. erweiterte Möglichkeiten gegeben. Mit diesen Methoden kann man die diffusionsbedingten zeitlichen Änderungen der Konzentration während eines Temperexperimentes exakt in der Oberfläche der dünnen Schicht, d. h. in deren obersten Atomlagen verfolgen.

Indem man nach der Temperung das Probenmaterial von der Oberfläche aus mittels Ionenbeschuß schrittweise abträgt und die Konzentration in den jeweils neu entstandenen Oberflächen bestimmt, lassen sich Informationen über die Veränderungen der Konzentrationen mit der Tiefe gewinnen.

Über bisherige Ergebnisse derartiger Diffusionsuntersuchungen, die wir am System Gold-Silber durchführen, soll im folgenden berichtet werden. Zum besseren Verständnis sei dem eine kurze Beschreibung der von uns eingesetzten Oberflächenanalysetechnik, der Auger-Elektronenspektroskopie (AES), vorangestellt.

2. Grundprinzip der AES

Bei der Auger-Elektronenspektroskopie [1] werden durch Primärelektronen zunächst innere Elektronenschalen von Atomen ionisiert. Die sich anschließende

Emission von Elektronen mit charakteristischen Energien (Auger-Elektronen) erfolgt als strahlungsloser Prozeß (Auger-Prozeß), wobei die beim Elektronenübergang eines äußeren Elektrons in die primäre Lücke freiwerdende Energie auf ein weiteres äußeres Elektron übertragen wird, das das Atom mit einer bestimmten kinetischen Energie verläßt. Die Zahl der aus der Festkörperoberfläche austretenden, meßbaren Auger-Elektronen wird durch unelastische Verluste im Festkörper bestimmt. Da die mittlere freie Weglänge der Elektronen im Festkörper im interessierenden Energiebereich < 2 keV etwa zwischen 6—15 Å liegt, tragen nur die obersten Atomanlagen an der Festkörperoberfläche zum gemessenen Auger-Signal bei. Die hohe Oberflächenempfindlichkeit stellt den Hauptvorteil der AES dar, sie verlangt aber notwendigerweise ein Experimentieren unter Ultrahochvakuumbedingungen $< 10^{-9}$ Torr, um Restgaskontaminationen während der Analyse zu vermeiden.

Zum experimentellen Nachweis der Auger-Elektronen muß man die Energieverteilung der ausgelösten Sekundärelektronen messen. Bei der üblichen Primäranregung durch Elektronenbeschuß erscheinen die Auger-Elektronen nur als kleine Peaks auf einem etwa 10 mal größeren Sekundärelektronenuntergrund. Zur Abtrennung des relativ konstanten Untergrundes benutzt man deshalb ein in der Spektroskopie übliches Modulationsverfahren, das eine elektronische Differentiation der Energieverteilung liefert.

In Abb. 1 ist der für AES am häufigsten verwendete Spektrometertyp, ein Zylinder-Spiegelanalysator (CMA) mit seiner Elektronik schematisch dargestellt. Als Elektronenquelle dient entweder eine koaxiale Quelle für den Betrieb mit senkrechtem Einfall oder eine externe Quelle für schrägen Einfall. Der am äußeren Zylinder anliegenden Sägezahnspannung (0—2 kV) wird eine kleine sinusförmige Spannung von einigen Volt überlagert. Nach rauscharmer Vorverstärkung in einem offenen Multiplier wird das auf der Modulationsfrequenz liegende Signal in einem phasenempfindlichen Verstärker (lock-in) gleichgerichtet. Die Ordinate des mit einem X—Y-Schreiber registrierten Auger-Spektrums ist dann der Abteilung der Energieverteilung nach der Energie (dN (E)/dE) und die Abszisse der kinetischen Energie der Auger-Elektronen proportional (s. Abb. 2). Typische Parameter für den Betrieb eines konventionellen CMA sind: Primärspannung: 2—3 kV, Primärstrom: 1—50 μA, Strahldurchmesser: 30—100 μm, Modulationsspannung: 1—10 V, Schreibgeschwindigkeit: 1—10^4 Vsec^{-1}.

Aus Abschätzungen des Signal-Rausch-Verhältnisses für die angegebenen Parameter folgt eine theoretische Nachweisempfindlichkeit von 100 ppm. Als praktische Nachweisempfindlichkeit erreicht man für alle Elemente (außer den nicht nachweisbaren Elementen H und He) ungefähr einen Wert von 0,1 at% für das Volumen. Das entspricht bei einer Lokalisierung des nachzuweisenden Elementes an der Oberfläche einer Empfindlichkeit von $< 1/100$ einer Monoschicht.

Neben der Anwendung der AES zur qualitativen Analyse (z. B. Verunreinigungsnachweis) durch Bestimmung der Energielage einzelner Auger-Übergänge sind eine Reihe von quantitativen Analyseverfahren bekannt. Sie beruhen auf relativen

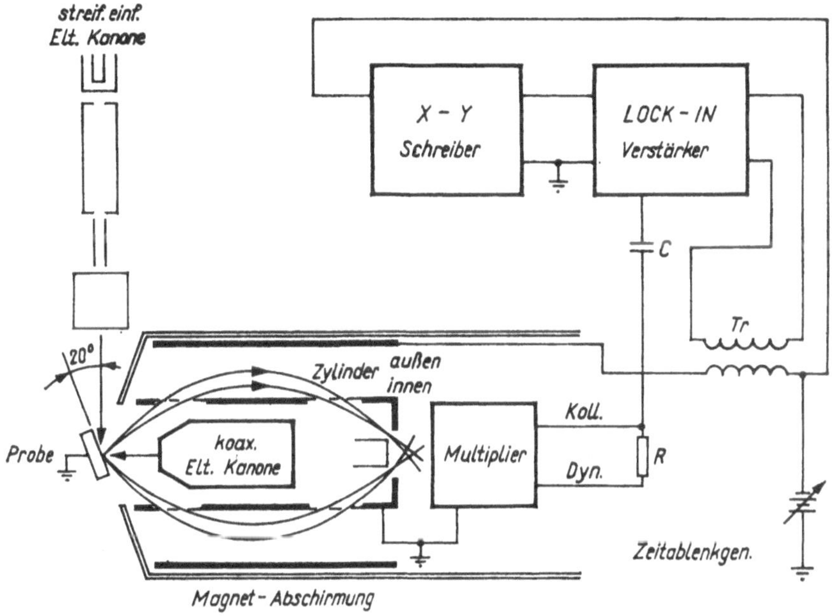

Abb. 1 Prinzipskizze eines Zylinder-Spiegel-Analysators mit seiner Elektronik

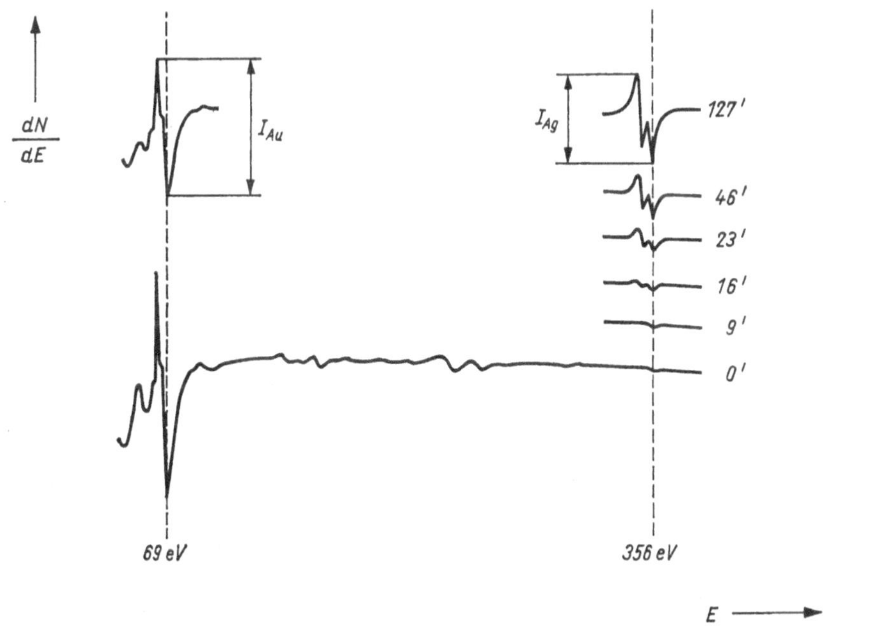

Abb. 2 Gemessene Auger-Spektren bei der Diffusion von Silber durch eine 66 Å dicke Goldschicht auf Ag(100) in Abhängigkeit von der Diffusionszeit, Temperatur: 261 °C

Intensitätsmessungen unter Verwendung von Standards bzw. gemessenen Empfindlichkeitsfaktoren ohne Standards oder erfordern eine absolute Strommessung bei gleichzeitiger Kenntnis aller in die Emmission, Auslösung und Transmission eingehenden Faktoren. Die mit den verschiedenen quantitativen Verfahren erzielten Genauigkeiten liegen zwischen 5—50%.

3. *Experimentelles*

Wir untersuchen die Diffusion in dünnen Gold- bzw. Silberschichten [2], einem relativ übersichtlichen System mit vollständiger Mischbarkeit beider Elemente, so daß die Diffusion ohne komplizierte Phaseneffekte ablaufen sollte.

Ausgangspunkt der Experimente ist ein in Abb. 3 des einführenden Artikels von Prof. Bethge vorgestellter Silbereinkristall, dessen (100)- und (111)-Wachstumsflächen sich für Diffusionsuntersuchungen eignen. Für die Temperaturmessung wird ein Ni-Cr/Ni-Thermoelement mittels Laser an den Kristall angeschweißt. Der Einbau des Kristalls in den indirekt heizbaren Probenhalter des Manipulators erfolgt derart, daß der Primärelektronenstrahl des CMA senkrecht auf die interessierende Fläche auftreffen kann. Nach Abpumpen der UHV-Apparatur auf einen Basisdruck von einigen 10^{-10} Torr ist zunächst eine Reinigung der Kristalloberfläche erforderlich. Hierzu wird der Kristall mit 600 eV Argon-Ionen (Stromdichte $2{,}5 \times 10^{-6}\,\mathrm{Acm}^{-2}$) beschossen und anschließend bei etwa 350 °C 1 Stunde getempert, um die durch den Ionenbeschuß in der Oberfläche entstandenen Defekte auszuheilen. Das Auger-Spektrum einer derart gereinigten Oberfläche zeigt nur Silber-Auger-Übergänge, die Konzentrationen eventuell noch vorhandener Verunreinigungen liegen unterhalb der Nachweisgrenze der AES.

Auf dem Kristall werden Goldschichten durch Bedampfen hergestellt, deren Dicke wir durch Schwingquarzmessungen bestimmen. Die untersuchten Schichtdicken reichen von einer bis einige hundert Monolagen. Auf entsprechend kompakten Goldschichten werden auch Silberschichten aufgedampft und deren Diffusionsverhalten untersucht.

Aus eigenen LEED-Experimenten und elektronenmikroskopischen Untersuchungen an elektrolytisch vom Substratkristall abgelösten Goldfilmen wissen wir, daß diese Schichten epitaktisch wachsen und auf Grund eines quasi-zweidimensionalen Wachstumsmechanismus bereits bei einer Dicke von einigen Monolagen nahezu geschlossen sind.

Der bedampfte Kristall wird auf die Diffusionstemperatur hochgeheizt, wobei ein Regel-System dafür sorgt, daß die Temperatur bis auf 0,5 °C konstant bleibt, und mit AES die Diffusion des Silbersubstratmaterials durch die Goldschicht in deren Oberfläche verfolgt.

Abb. 2 zeigt das Resultat eines solchen Experimentes. Deutlich ist zu sehen, wie mit der Diffusionszeit das Silbersignal zu- und das Goldsignal abnimmt. Für die weitere Auswertung interessieren insbesondere die Intensitäten, d. h. die ihnen proportionalen Peak-Peak-Höhen I_{Ag} und I_{Au} des Silber- 356 eV-Auger-Überganges und des Gold- 69 eV-Auger-Überganges.

Die legierten Aufdampfschichten werden nach dem Diffusionsexperiment mittels Argon-Ionenätzung schrittweise abgetragen, wobei man die Veränderung der Auger-Intensitäten messen und damit ein Konzentrationstiefenprofil aufnehmen kann. Der so wieder freigelegte Silbersubstratkristall wird nach einer Temperbehandlung erneut mit Gold bedampft. Mit dem gleichen Kristall sind also beliebig viele Experimente möglich.

Zur Auswertung der gemessenen Spektren, insbesondere bei Diffusionsmessungen an dünnsten Schichten, bei denen innerhalb des analysierten Volumens sich Konzentrationsgradienten einstellen, braucht man Vorstellungen über die Austrittswahrscheinlichkeiten der Silber- bzw. Gold-Auger-Elektronen in Abhängigkeit von der Entfernung ihres Entstehungsortes von der Oberfläche, d. h. man muß deren mittlere freie Weglängen für unelastische Verluste kennen.

Diese Größen lassen sich ermitteln, indem man auf den Silber-Substratkristall monoschichtweise Gold aufdampft und das Anwachsen des Gold-Signals bzw. die Abnahme des Silber-Signals verfolgt. Nach dem homogenen Schwächungsmodell [3] beschreiben die folgenden Beziehungen die Abhängigkeit der Kondensat (I_K)- und Substrat (I_S)-Auger-Intensität von der Schichtdicke z

$$I_K = I_K^o \left(1 - \exp\left(-\frac{z}{z_o^K}\right)\right)$$

$$I_S = I_S^o \exp\left(-\frac{z}{z_o^S}\right)$$

I_S^o, I_K^o sind die Auger-Intensitäten des reinen Substrats bzw. des kompakten Kondensats; z_o^S, z_o^K sind die entsprechenden mittleren freien Weglängen der Auger-Elektronen.

Allerdings lassen sich diese Formeln nicht ohne weiteres auf die gemessenen Kurven beziehen, da die Goldschicht nicht streng zweidimensional wächst, d. h.

Tabelle 1

Schicht	Gold α_i [%]	Silber β_i [%]
1	46	32
2	25	22
3	14	15
4	7	10
5	4	7
6	2	5
7	1	3
8		2,2
9		1,5

ihre Dicke nicht homogen ist. Berücksichtigt man diesen Effekt, indem man die Anteile der einzelnen Schichtdicken am Gesamtsignal nach einem Modell von SEAH [3] berechnet, so ergeben sich folgende Werte der mittleren freien Weglängen von Gold (69 eV)- bzw. Silber (356 eV)-Auger-Elektronen [4].

$$z_0^{Au} = 5{,}1\ \text{Å}$$
$$z_0^{Ag} = 8{,}26\ \text{Å}$$

Aus diesen Werten lassen sich die prozentualen Anteile α_i bzw. β_i der einzelnen Atomschichten am Gesamt-Auger-Signal des Goldes bzw. Silbers errechnen; sie sind in der folgenden Tabelle zusammengestellt.

4. *Resultate der Messungen und deren Auswertung*

Es scheint zunächst unproblematisch, aus den in Abb. 2 gezeigten Peak-Peak-Höhen die Konzentrationen zu bestimmen. Man kann annehmen, daß die Peak-Peak-Höhen in den abgeleiteten Energiespektren den Au- bzw. Ag-Konzentrationen proportional sind, da Matrixeffekte in diesem System nur eine geringe Rolle spielen und die gewählte geringe Modulationsspannung von 2 V die Auger-Peak-Gestalt wenig modifiziert. Desweiteren sollte man erwarten, daß wenigstens für Schichten, deren Dicke ein mehrfaches der mittleren freien Weglänge beträgt, die diffusionsbedingten Konzentrationen im oberflächennahen Bereich nahezu konstant sind, denn die Lösung der Diffusionsgleichung für eine endliche Schicht auf halbunendlicher Unterlage bei Annahme eines konstanten Diffusionskoeffizienten führt zu verschwindenden Konzentrationsgradienten im Oberflächenbereich. Wenn dies tatsächlich gilt, so beschreiben folgende Gleichungen die Beziehung zwischen den Oberflächenkonzentrationen von Silber (c_{Ag}^{OF} und den gemessenen Auger-Intensitäten

$$I_{Ag} = I_{Ag}^{o} \cdot c_{Ag}^{OF}$$
$$I_{Au} = I_{Au}^{o} (1 - c_{Ag}^{OF})$$

I_{Ag}^{o} und I_{Au}^{o} sind die unter identischen Meßbedingungen bestimmten Auger-Intensitäten des reinen Silberkristalls bzw. einer kompakten Goldschicht.

Aus dem Silber- zu Gold-Intensitätsverhältnis, das man zweckmäßigerweise bildet, um den Einfluß von eventuellen Schwankungen der Apparatur gering zu halten, lassen sich die während der Diffusion gemessenen Spektren als Oberflächenkonzentrations-Zeitkurven auswerten.

$$c_{Ag}^{OF}(t) = \frac{k \cdot \frac{I_{Ag}}{I_{Au}}(t)}{1 + k\,\frac{I_{Ag}}{I_{Au}}(t)} \qquad k = \frac{I_{Au}^{o}}{I_{Ag}^{o}} \tag{2}$$

Abb. 3 zeigt so ermittelte Silber-Oberflächenkonzentrations-Zeit-Abhängigkeiten für Diffusionsuntersuchungen an Gold (111)- Aufdampfschichten konstanter Dicke ($\approx$ 115 Å) für verschiedene Temperaturen. Die durchgezogene Kurve repräsentiert die Lösung der Differentialgleichung für die Diffusion bei Annahme eines konstanten Diffusionskoeffizienten. Sie hat die folgende Gestalt

$$c_{Ag}^{OF} = 1 - \operatorname{erf}\left(\frac{a}{2\sqrt{Dt}}\right) \tag{3}$$

wobei a die Schichtdicke, D der Diffusionskoeffizient und t die Zeit ist. Die ausgezogene Kurve wurde für $D = a^2$ berechnet. Es wurde versucht, auf sie die ge-

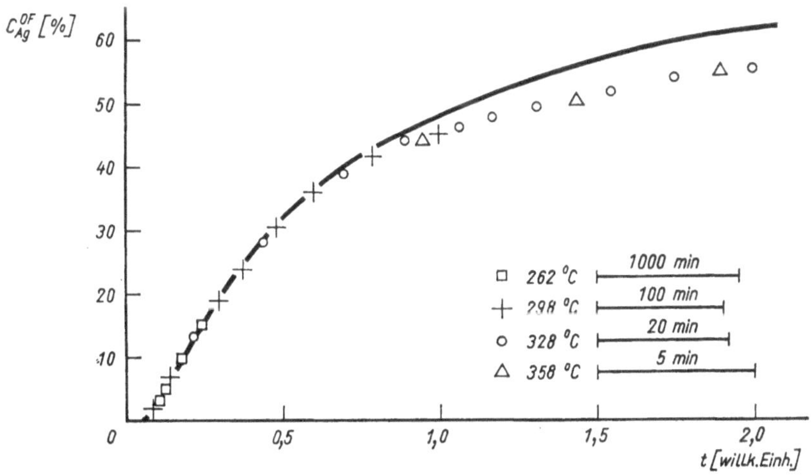

Abb. 3 Silber-Oberflächenkonzentration in Abhängigkeit von der Temperzeit für die Diffusion von Silber durch eine 115 Å dicke Goldschicht auf Ag(111) bei verschiedenen Temperaturen, eingerückt die Temperaturen und unterschiedlichen Zeitmaßstäbe

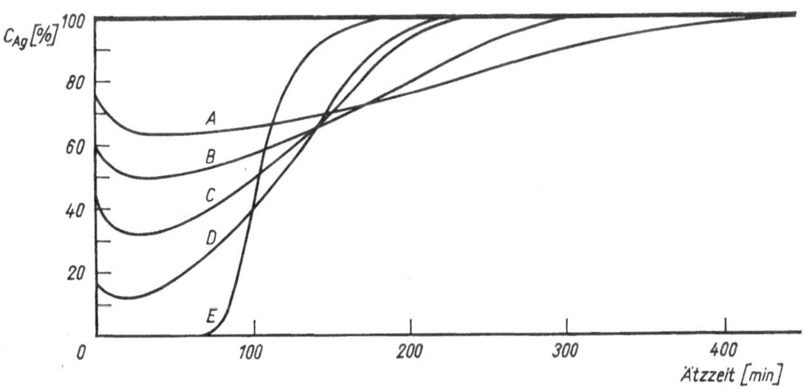

Abb. 4 Silber-Konzentration als Funktion der Ätzzeit, gemessen nach Diffusionsexperimenten an 115 Å dicken Goldschichten auf Ag(111). A: bei 358 °C 180 min, B: bei 328 °C 200 min, C: bei 298 °C 220 min und D: bei 282 °C 80 min getempert, E: nach der Bedampfung aufgenommene Ätzkurve

messenen Werte durch Multiplikation der einzelnen Diffusionszeiten mit geeigneten Faktoren anzupassen.

Wie zu sehen, beschreibt die Formel (3) die Diffusion recht gut, daher lassen sich aus den Verhältnissen der Zeitachsen die Diffusionskoeffizienten leicht berechnen. Allerdings erinnern die Abweichungen bei fortschreitender Diffusion an die Bedenklichkeit der gemachten Voraussetzungen. So ist die Annahme eines konstanten Diffusionskoeffizienten sicher in Strenge unrichtig. Auch sollte sich ein Kirkendall-Effekt einstellen, da, wie man aus Untersuchungen an kompakten Proben weiß, Silber schneller diffundiert als Gold [5].

Wertet man nach Gl. (3) die Ergebnisse der Argon-Ionen-ätzung aus, versucht man also sogenannte Konzentrationstiefenprofile darzustellen, indem man die Konzentrationen über der Ätzzeit aufträgt, so wird auch die Annahme von verschwindenden Konzentrationsgradienten im oberflächennahen Bereich fraglich. Abb. 4 zeigt Konzentrationstiefenprofile, gemessen nach verschiedenen Stadien der Diffusion von Silber durch 115 Å dicke (111)-Goldschichten. Man erkennt eine deutliche Oberflächenanreicherung von Silber. Allerdings sind die so erhaltenen Konzentrationen durch Ätzeffekte verfälscht. Silber wird etwa um einen Faktor 1,4 schneller als Gold abgetragen, was zu einer Silberverarmung der Oberfläche bei der Argon-Ionenätzung führen und die Ätzgeschwindigkeit konzentrationsabhängig machen sollte. Jedoch braucht der in Abb. 4 erkennbare Abfall der Silberkonzentration im Anfangsbereich der Ätzkurve nicht nur ein Ätzeffekt zu sein.

Theoretische Betrachtungen [6, 7] sagen für Legierungen eine Oberflächensegregation der Legierungspartner mit den geringeren Oberflächenenergien voraus. Mehrere Autoren glauben diesen Effekt auch experimentell nachgewiesen zu haben [7, 8]. Nelson [8] stellte mittels Streuung langsamer Ionen folgende Werte von Silber-Oberflächen- und Volumenkonzentrationen an Silber-Gold-Legierungen fest.

Oberflächenkonzentration	Volumenkonzentration
84,5%	69,5%
57,5%	30,7%

Es ist daher eine Abschätzung des Einflusses dieses Effektes auf die Bestimmung der Diffusionskonstanten au den in Abb. 3 gezeigten Kurven erforderlich. Eine Rechnung unter Verwendung maximaler Segregationswerte, die wir aus [7] entnahmen, zeigte, daß er um den Faktor 1,5 größere Diffusionskonstanten vortäuschen könnte.

Der Einfluß der Oberflächenenergien der diffundierenden Partner sollte bei der Diffusion in extrem dünnen Schichten noch deutlicher hervortreten. Die Abb. 5 und 6 zeigen die Ergebnisse der Diffusion von Silber aus einer Monoschicht in kompakte (100)- bzw. (111)-Goldschichten. Über die Versuchszeiten aufgetragen ist das jeweilige Verhältnis der Silber- zu Gold-Intensitäten. Die in Abb. 5 durchgezogene Kurve errechneten wir aus der Lösung der Differentialgleichung für die

Diffusion einer Monolage ins halbunendliche Substrat bei konstantem Diffusionskoeffizienten

$$c_n = \frac{1}{2}\left[\operatorname{erf}\left(\frac{1/2 - n}{2\sqrt{Dt}}\right) + \operatorname{erf}\left(\frac{3/2 + n}{2\sqrt{Dt}}\right)\right] \tag{4}$$

über die Beziehung

$$\frac{I_{Ag}}{I_{Au}} = \frac{1}{k}\,\frac{\sum_{1}^{\infty} \alpha_n c_n}{\left(1 - \sum_{1}^{\infty} \beta_n c_n\right)} \tag{6}$$

c_n ist die Konzentration in der n-ten Atomschicht, α_n und β_n sind die in Tab. 1 zusammengestellten prozentualen Anteile der einzelnen Atomschichten am Gesamt-Auger-Signal.

Es wurde auch hier versucht, die Meßpunkte durch Streckung der Versuchszeitachsen auf die errechnete Kurve zu legen und einen Diffusionskoeffizienten zu bestimmen. Dies gelang jedoch nicht mit den I_{Ag}/I_{Au}-Werten, die die Messungen an (111)-Oberflächen lieferten. Sie sind in Abb. 6 mit gemeinsamer Zeitachse wiedergegeben; gestrichelt miteingezeichnet ist die errechnete Kurve aus Abb. 5.

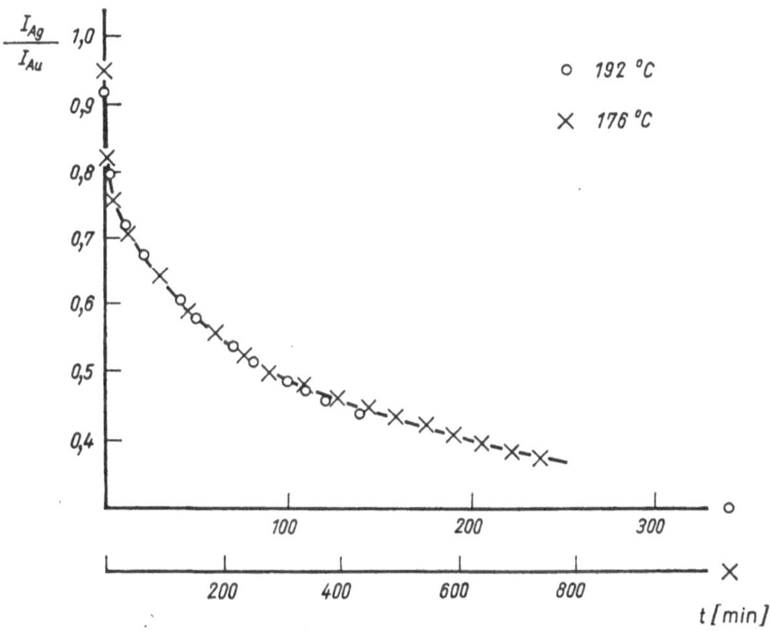

Abb. 5 Diffusion von Silber aus einer Monoschicht in eine auf Ag(100) gedampfte kompakte Goldschicht. Ag/Au-Auger-Intensitätsverhältnis als Funktion der Diffusionszeit

Die Abweichungen der Kurven A, B, C und D vom erwarteten Verlauf der Diffusion könnten im Sinne eines Einflusses der Oberflächenenergien diskutiert werden. Aber auch weitere Oberflächeneffekte, wie z. B. höhere Leerstellenkonzentration [9] könnten zur Erklärung dieser Meßresultate notwendig sein.

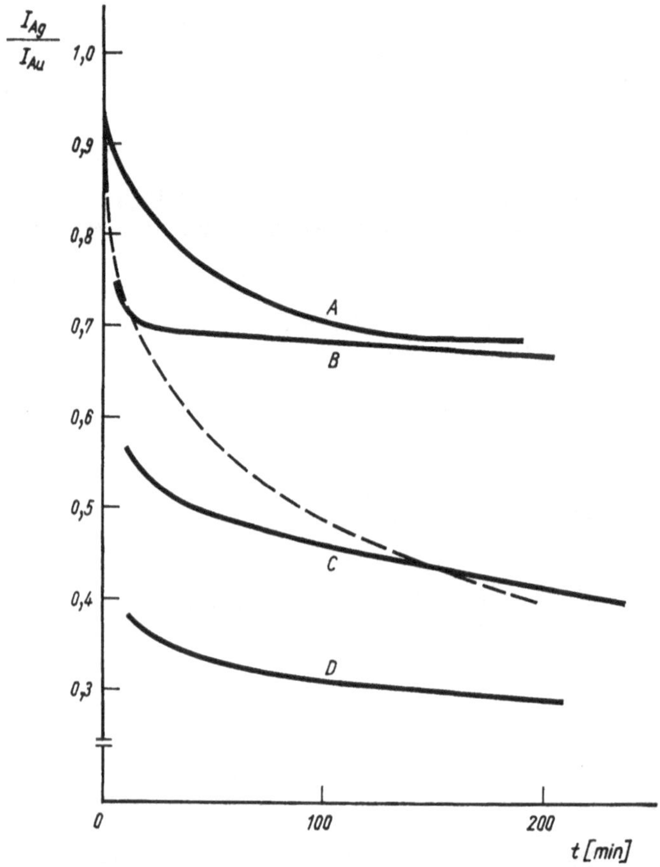

Abb. 6 Diffusion von Silber aus einer Monoschicht in eine auf Ag(111) gedampfte kompakte Goldschicht. Ag/Au-Auger-Intensitätsverhältnis als Funktion der Diffusionszeit. Diffusionstemperaturen: A – 100 °C, B – 150 °C, C – 170 °C, D – 200 °C, Gestrichelte Kurve aus Abb. 5 übertragen

Abb. 7 zeigt in einer Arrhenius-Darstellung die Temperaturabhängigkeit der gemessenen Diffusionskoeffizienten. Die gestrichelte Gerade wurde extrapoliert aus Diffusionsdaten, die Diffusionsuntersuchungen [10] an kompakten Proben bei relativ hoher Temperatur und kleinen Konzentrationsgradienten lieferten. Auf diese extrapolierte Gerade passen die von uns an den (111)-Oberflächen gewonnenen Diffusionskonstanten überraschend gut.

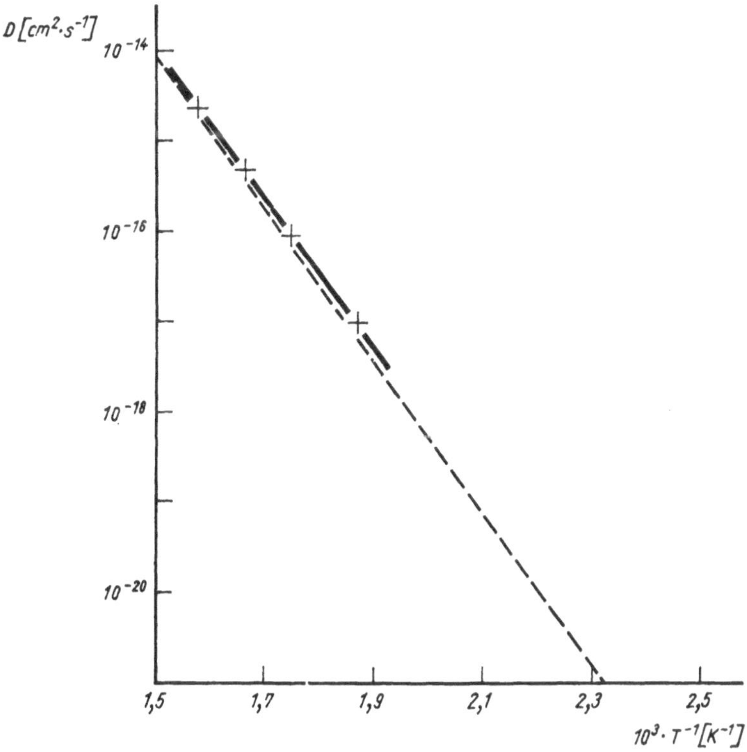

Abb. 7 Arrhenius-Darstellung der Diffusionskonstanten der Diffusion von Silber in Gold. Gestrichelte Gerade: extrapoliert aus Volumendiffusionsmessungen bei hohen Temperaturen, Diffusion von Silber durch eine 115 Å dicke Goldschicht auf Ag (111).

Beim jetzigen Stand der Untersuchungen sind noch eine Reihe von Fragen offen, denn es hat sich gezeigt, daß die mit der Diffusion in dünnen Schichten verbundenen Phänomene sehr komplex sein können. Für ein besseres Verständnis der bisher erhaltenen Resultate sind weitere experimentelle und theoretische Untersuchungen erforderlich.

Literatur

[1] Chang, C. C.: Surface. Sci. **25** (1971) 53.

[2] Meinel, K., M. Klaua, H. Bethge: Thin Solid Films **34** (1975) 157.

[3] Seah, M. P.: Surface Sci. **32** (1972) 703.

[4] Klaua, M.: unveröffentlichte Ergebnisse.

[5] Seith, W., A. Kottmann: Angew. Chem. **64** (1952) 379.

[6] Desay, R., I. Prigogine, A. Bollemans, D. H. Everett: Surface Tension and Adsorption, Wiley, N. Y. 1966.

[7] Somorjai, G. A., S. H. Oberbury: Faraday Discuss. Chem. Soc. **60** (1975) 279.

[8] Nelson, G. C.: Vac. Sci. Technol., **13** (1976) 512.

[9] Schwoebel, R. L.: J. Appl. Phys. **38** (1967) 3154.

[10] Kubaschewski, O.: Trans. Faraday Soc. **46** (1950) 713.

FSC
www.fsc.org
MIX
Papier | Fördert
gute Waldnutzung
FSC® C083411

Zeitfracht Medien GmbH
Ferdinand-Jühlke-Straße 7
99095 Erfurt, Deutschland
produktsicherheit@kolibri360.de